云原生DevOps指南

Deployment and Operations for Software Engineers

[美] Len Bass John Klein 著

张海龙 杜万 王晓枫 译

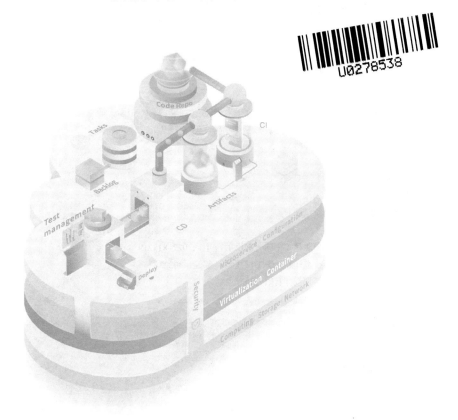

华中科技大学出版社

中国·武汉

图书在版编目(CIP)数据

云原生DevOps指南 / (美) 林·巴斯 (Len Bass) , (美) 约翰·克莱恩 (John Klein) 著 ; 张海龙, 杜万, 王晓枫译. -- 武汉 : 华中科技大学出版社, 2021.6

ISBN 978-7-5680-7232-8

Ⅰ.①云… Ⅱ.①林… ②约… ③张… ④杜… ⑤王… Ⅲ.①软件工程 – 指南 Ⅳ.①TP311.5-62

中国版本图书馆CIP数据核字(2021)第122609号

Deployment and Operations for Software Engineers

Original English Language Edition Copyright © 2019 by Len Bass and John Klein

The Chinese Translation Edition Copyright © 2021 by HUAZHONG UNIVERSITY OF SCIENCE AND TECHNOLOGY PRESS.

湖北省版权局著作权合同登记 图字：17-2021-139号

书　　名　云原生DevOps指南
　　　　　Yunyuansheng DevOps Zhinan

作　　者　[美] Len Bass　John Klein

译　　者　张海龙　杜万　王晓枫

策划编辑　徐定翔

责任编辑　陈元玉

责任监印　周治超

出版发行　华中科技大学出版社（中国·武汉）　　电话 027-81321913
　　　　　武汉市东湖新技术开发区华工科技园　　邮编 430223

录　　排　武汉东橙品牌策划设计有限公司

印　　刷　湖北新华印务有限公司

开　　本　787mm × 960mm　1/16

印　　张　18.25

字　　数　240千字

版　　次　2021年6月第1版第1次印刷

定　　价　89.90元

译 序

2019年，我偶然间看到Len Bass的一个课件"Don't forget about deployment and operations"，这个课件的播放时间虽然不长，但是深入浅出地讲解了现代软件工程面临的问题，也介绍了微服务架构，以及如何在这个架构下进行发布和运维。这个课件给我的印象很深刻，它探讨的这些内容都是基础问题，但是我自做软件开发以及软件工程管理十几年以来，竟然从未系统性地思考过这些问题。这也引发了我对课件末尾提到的书籍《Deployment and Operations for Software Engineers》的极大兴趣，国内还没有引进，我托美国的朋友买了一本寄给我。

由于我从事的是云计算行业，当我看完《Deployment and Operations for Software Engineers》这本书的原版后，我深深地意识到这本书跟当今的云计算趋势密不可分。虽然原版书的书名没有提到云计算、DevOps、云原生这些热门概念，但是原版书中探讨的内容都是这些热门概念的基础。在给这本书的中文版取书名的时候，有过一些反复。按照字面直译，应该叫"写给软件工程师的部署和运维指南"，但这个标题不仅不吸引人，而且不能准确地表达这本书的内容。正如作者所说，这本书讲解了现代软件工程师高效工作所应该掌握的知识和技能。这里的"现代"可以理解为云计算时代，所以我曾经纠结过是不是将中文版的书名定为"云计算时代开发者必备技能"。但这个书名感觉过于宽泛，什么叫"必备技能"？编程、算法算不算必备技能？这显然不在本书涵盖的范围内。再三斟酌之下，中文版书名最终定为《云原生DevOps指南》。"云原生"意为本书探讨的内容是基于云计算的大背景；"DevOps"意为专注软件工程相关技术而不是编程等其他计算机技术；"指南"意为易于入门，覆盖面广。

从事软件行业多年，时常感慨这个行业工程化的薄弱。较之建筑工程，软件工程的可靠性是堪忧的；"工程"涉及人、流程、工具。本书着重于工具和流程方面的介绍。我们期望它不仅能给一线开发者提供有用的知识和技能，也能让技术管理者系统性地审视自己团队的研发流程是否还有改进的空间，如何利用云原生和DevOps技术进一步提升研发效能和质量。

20年前，我读大学的时候，也有软件工程相关的课程。我记得当初学习的内容主要涉及文档编写、UML图、测试编写等相关知识，使用的工具大多为IBM公司和微软公司出品。显然，这个时代已经过去。我在日常研发管理中深切地意识到，现代大规模的软件开发需要的组织能力和工具能力已经跟过去完全不一样。我们在招聘的时候要求应聘者至少能熟练使用Git、CI等工具，对于容器、微服务架构等也是常考查的内容。但是，仅拥有这些知识和技术还不够，优秀的软件开发者想要灵活地使用这些技术，还需要理解这些技术背后的原理、利弊、使用场景，以及为什么会产生这样的技术，而这正是本书探讨的内容。

本书作为卡内基梅隆大学软件工程课程的教材，内容贴近产业现实，每章的组织形式也便于课堂教学。期望中文版也能为国内的计算机教学贡献绵薄之力。

在本书翻译过程中，我和其他两位译者从未线下见过面，通过在线会议和Git这样的协作工具完成了所有的翻译工作，也算是对云计算技术的实践。由于是第一次进行这样的翻译工作，不足之处还请各位读者批评指正。

最后，感谢王子赢、陈天唱、周纪海在翻译过程中所做的很多辅助性的工作，没有他们的帮助，翻译的效率会大大下降；感谢王振威、陶双磊、朱毅对翻译稿件的评审，他们给出了很多宝贵意见；感谢尹晶晶、张贝及其团队对书中插图的重新绘制。

张海龙

2021年1月12日

前 言

Preface

近年来，IT行业的发展极大地扩展了软件工程师的职责范围，也对从业人员提出了更高的技能要求。目前广泛应用的云计算就是发展趋势之一。软件工程师除了要熟悉硬件和操作系统的虚拟化、理解网络是如何工作的外，还要处理可扩展性和负载均衡的问题。

云计算极大地缩短了软件的发布周期。每个季度发布一次已经满足不了业务的需求，按月、按周、按天，甚至按小时发布已越来越普遍。越来越短的发布周期是由多种技术支撑的，包括微服务、流水线、容器的使用等。当然，云计算也依赖架构设计和对工具的合理使用。

如今的软件工程师不仅要负责系统的创建、部署和运行，他们还要理解云架构下的运维概念，包括业务连续性和故障处理。他们必须懂得处理日志、监控、警报等问题。

软件工程师通常在工作中学习这些新知识。他们需要阅读海量的博客、教程、文档，耗费大量的精力。有些企业会为新员工提供这方面的培训，但是培训内容往往是企业自己使用的工具和流程，这些工具和流程大多不具有通用性。

本书的目标读者是软件工程师（以及潜在的软件工程师）、计算机科学专业和软件工程专业的本科生及研究生，内容覆盖上述现代软件工程师的工作职责和必备技能。

本书也适合相关教师使用。全书各章都会讲解理论知识并提供配套的实践练习，同时还设置了议题供课堂分组讨论，以便学生更好地理解章节内容。本书模块化的编排方式也适合读者挑选自己感兴趣的章节阅读。

本书的编写目的是为现代软件工程师提供编程语言和三层体系架构之外的必备工作技能。全书覆盖六大主题：云和虚拟化、分布式系统和网络、微服务架构、部署、安全、运维（包含业务连续性和监控）。读者读完本书后不一定能成为这些领域的专家，但是至少能对这些领域有足够的理解，足以为日后的高效工作打下基础。

自有计算机科学教育以来，一直存在这么一个争论：学生对某种抽象底层的原理需要理解到什么程度。高级语言掩盖了机器语言的细节——学生需要对机器语言了解多少？编译器对计算进行了重组——学生需要对这些重组了解多少？Java语言掩盖了内存分配——学生需要对内存分配了解多少？等等。几乎在每一个问题上，其答案都是需要了解一些的，但不需要太多。

这也是本书认可的观点。软件工程师要了解虚拟化、网络、云及相关技术，但不必知道所有细节。计算机科学专业和软件工程专业有专门的分布式网络、安全、软件架构等课程，但是这些课程探讨得非常深入，超过了普通软件工程师的需求。我们希望填补这一空白，为软件工程师提供够用的知识，但又不至于因内容过多而造成压力。

目　录

第一部分

概　述

Introduction to Part 1

假设你是一位从学校毕业的职场新人，刚刚领到你作为程序员的第一个工作任务：公司正在开展促销活动，你要根据用户购买行为和客户忠诚度编写一个折扣计算器程序。你松了一口气，因为这个任务看起来并不难，折扣规则虽然理解起来有点复杂，但肯定难不倒你。经理接着对你说："要把伸缩规则设置为5秒，将新虚拟机的利用率设置为80%，并且使用无状态服务。另外，要将服务容器化，记得使用我们的私有Docker制品库，不要使用公共Docker库。生成SSH密钥后，再将公共密钥发送给Mary，她会把公共密钥放在DMZ服务器上。看来周末肯定得加班了，我们的IDS警报数量猛增，得看看。"

如果这些话让你觉得云里雾里，那么第一部分就是为你编写的。第一部分将从开发平台的角度讲解云，重点介绍那些不在普通程序员能力范围的内容。

今天的程序员仅会编程和懂业务规则是不够的。在云计算广泛应用的背景下，你的公司很可能会将大型分布式网络作为基本的计算平台。该平台可能是公共平台，也可能是私有平台。但无论是哪种情况，你都要对虚拟化和分布式计算有足够的了解，这样才能胜任工作。

云数据中心有数以万计的计算机，它们彼此通过网络相连，并可以通过互联网从外部访问。理想情况下，云上运行的应用程序只有在它需要时才能获取必要的资源（CPU、网络、磁盘等）。虚拟机和容器是运行在物理机上的，它们要么是由应用程序动态分配的，要么是由应用程序的开发者提前预留的。第1章将介绍虚拟化。虚拟机管理程序使得虚拟机能够共享物理硬件。近来，将操作系统虚拟化的容器技术也得到了广泛的应用。容器的概念将在第1章介绍，然后在第4章详细讨论。

第2章主要讨论网络的结构和子结构。云上的服务器和虚拟机都需要通过网络进行通信，包括云内部的通信，以及与互联网的通信。消息是网络通信传递数据的主要手段。使用消息作为传输机制有两个关键问题：如何确保将消息传递给正确的接收者，以及使用何种通信协议进行传递。这里的接收者不仅指作为目标的虚拟机，同时也指该虚拟机上的服务。第2章将加深你对网络结构的认识。

第3章主要介绍云计算，学习云是如何分配资源的。成千上万台计算机工作时不可避免地会发生故障，网络服务的设计必须考虑对故障的处理。第3章也将介绍常见的云故障。随着负载的增加，传统意义上的虚拟机会出现过载问题，但是云计算独有的过载处理技术实现了将负载分配给不同的实例。云计算通过负载均衡和自动伸缩的功能及时创建与销毁实例，从而实现了负载的动态调配。多服务实例和多客户端给状态管理和协调增加了困难。第3章还将详细解释为什么要创建分布式系统，以及分布式系统是如何隐藏背后的复杂性的。

第4章将再次讨论容器。虽然容器与虚拟机之间存在一定的相关性，但两者的管理机制并不相同。容器镜像可以存储在制品库中，容器实例像虚拟机一样具有伸缩性，容器可以在无服务器架构中使用。这些主题都将在第4章讨论。

在第一部分中，我们将讨论安全性的基本概念。在当今的环境中，安全性是每个软件工程师都需要关心的问题。安全体系的某些部分取决于平台和互联网的历史因素。第5章将详细讨论如何搭建能够隔离风险的框架。这一章还将简要介绍加密原理，并举例说明如何使用加密技术制定可靠安全的解决方案。在本章结束时，将讨论如何检测针对虚拟机和网络的攻击。

你可能会问："什么时候介绍DevOps呢？"本书将全面介绍DevOps的相关工具，第一部分介绍了其中一些工具，其余放在第二部分介绍。

第1章 虚拟化

Virtualization

如今，大量计算都是在虚拟机上完成的。即使是像汽车这样的系统，也在很大程度上依赖虚拟化。学习本章后，你将掌握：

- 虚拟化的目标；

- 虚拟化是如何工作的；

- 虚拟机实例与虚拟机镜像的区别；

- 虚拟化硬件与虚拟化操作系统的区别。

1.1 共享与隔离

Sharing and Isolation

在20世纪60年代，有一个问题困扰着当时的计算机界，那就是：一台物理计算机的资源（内存、磁盘I/O通道、用户输入设备等）无法让多个独立的应用程序共享。无法共享资源意味着一次只能运行一个应用程序。当时的计算机价格高达数百万美元，而大多数应用程序只使用了一小部分资源，这种限制造成了很大的浪费。

为了解决共享问题，出现了几种机制。这些机制的作用是将一个应用程序与另一个应用程序隔离开，同时仍然共享资源。隔离使得开发人员能够像独享计算机一样编写应用程序，而共享资源保证了多个应用程序同时在计算机上运行。由于应用程序共享的是同一台物理计算机，其资源有限，因此隔离造成的错觉也是有限的。例如，如果一个应用程序消耗了所有的CPU资源，那么其他应用程序就无法执行。然而，对于大多数情况来说，这些机制已经够用了。

小提示：术语解释

本书对服务、客户端、应用程序这三个术语的定义如下。

服务是一组相关功能的集合。有些服务是暴露给终端用户的，有些服务不是。第6章将深入讨论一种受到特殊限制的服务，即微服务。

客户端也是一种服务，只不过它调用了其他服务。

应用程序指的是一组终端用户可见的服务。这些用户可见的服务因为调用了其他服务，所以是这些被调用服务的客户端，而这些被调用服务又可以是其他服务的客户端。

我们把你开发的软件称为服务，这些服务及其支持的应用程序受到你和你公司的控制。

还有一些不受你控制的软件。这些也是服务，我们根据其功能进行划分，如操作系统服务、存储服务、基础设施服务。

终端用户和客户端的区别很明显，终端用户是人（如管理员），而客户端是软件。

首先我们介绍共享资源，随后将讲解隔离和共享机制。资源主要可分为以下四种。

（1）中央处理器：现代计算机可以有多个CPU（每个CPU可以有多个核），可以有一个或多个GPU或其他特殊用途的处理器，如张量处理器单元（TPU）。

（2）内存：物理计算机的固定大小的物理内存。

（3）磁盘：磁盘可以持久地存储指令和数据。一台物理计算机可以连接一个或多个磁盘，每个磁盘有固定的存储容量。

（4）网络连接：网络是20世纪70年代才出现的一项共享资源。今天几乎每台计算机都拥有一个或多个网络连接。无论是发消息还是收消息，所有消息都要通过这些网络连接传输。

现在我们来谈谈隔离和共享机制。

- 处理器共享是通过线程调度机制实现的。调度器选择一个线程并将其分配到一个可用的处理器上，在该处理器被重新分配前，这个线程将保持对该处理器的控制权。其他线程只有通过调度器，才能获得这个处理器的控制权。只有当前线程让出处理器的控制权、超时或发生中断，该处理器才会被重新调度。

- 由于应用程序变得越来越大，我们无法将全部代码和数据都放入物理内存里，于是出现了虚拟内存技术。这种硬件资源管理技术将进程的地址空间分割成页，并根据需要在物理内存和磁盘存储之间交换页。一部分页存储在物理内存中，可以立即访问；而另一部分页则存储在磁盘上，等到需要时才会读取。简言之，虚拟内存技术指的是，无论是从内存获取还是向内存存储，每一次内存引用都要先检查被引用的内存位置是否在物理内存里。如果在，则读取；如果不在，则会产生一个页缺失中断，然后从磁盘上取回相关页放入内存，再进行内存访问（见图1.1）。虚拟内存技术进一步发展后，可以用进程ID标记页，以确保物理机中进程之间的隔离。虚拟化扩展了这种标记方法，通过标记内存页来隔离一台物理机中的多个虚拟机以及每个虚拟机内部的多个进程。

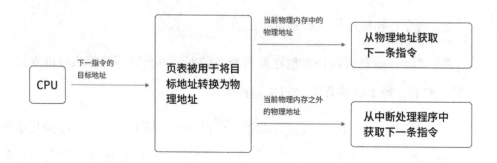

图1.1　虚拟内存技术

- 磁盘共享和隔离是借助几种机制实现的。首先，为了确保每个线程的数据流按顺序传递，物理磁盘只能通过磁盘控制器来访问。其次，操作系统可以通过用户ID和组信息对执行的线程与磁盘内容（如文件和目录）进行标识，并通过比较线程的标识和磁盘内容的标识来限制可见性或访问权限。

- 网络隔离是通过消息识别实现的。每个虚拟机（virtual machine，VM）都有一个地址，用于识别往来该VM的消息。虚拟机管理程序（hypervisor）在一台物理计算机内部架设了网络基础设施，确保了多个VM对物理网络接口的共享和隔离使用。第2章将讨论IP地址和虚拟机管理程序的作用。

至此，我们已经阐明了如何将一个应用程序的资源使用与另一个应用程序的资源使用隔离开来。下面我们将开始介绍虚拟机。为了在一台物理计算机中运行多台模拟的计算机或虚拟的计算机，必须结合使用上述机制。注意，这里的虚拟机不是Java虚拟机（JVM），JVM是一种执行Java字节码的特殊服务。

1.2 虚拟机
Virtual Machines

　　图1.2显示了一台物理计算机中包含的几个虚拟机。物理计算机也称宿主机，虚拟机也称客户机。图1.2还展示了直接运行在物理计算机硬件上的虚拟机管理程序，它是虚拟机的操作系统，通常被称为**裸机虚拟机管理程序**或**Type 1虚拟机管理程序**。应用和服务都通过托管其上的虚拟机来实现。这类虚拟机管理程序通常运行在云端或者数据中心。

图1.2　虚拟机管理程序和虚拟机

　　再看图1.1，在一个主机上有多个虚拟机的情况下，每个虚拟机都通过其操作系统管理各自的页表，页表上记录着正在这台虚拟机上运行的软件。硬件根据目标地址先找到正确的虚拟机，然后找到该虚拟机的页表。现代硬件在设计时就已经考虑到了虚拟化机制，采用多种技术确保CPU能够访问正确的内存地址。

　　还有另一类虚拟机管理程序，一般称为托管式虚拟机管理程序或Type 2虚拟机管理程序（见图1.3）。这类虚拟机管理程序作为一种服务运行在主机的操作系统上。托管式虚拟机管理程序通常用于台式机或笔记本电脑上，它们允许用户运行和测试与计算机主机操作系统不兼容的应用程序（例如，在Windows上运行Linux应用程序）。在开发软件时，托管式虚拟机管理程序可以在开发用计算机上复制生产环境。

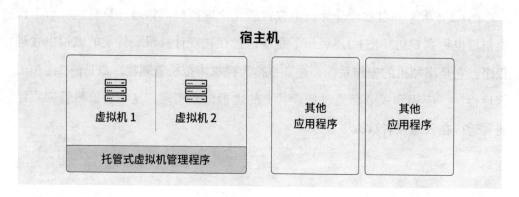

图1.3 托管式虚拟机管理程序

虚拟机管理程序要求其客体虚拟机使用与底层物理CPU相同的指令集，因为虚拟机管理程序并不具备翻译指令或模拟指令执行的能力。例如，如果你有一个使用ARM处理器、用于移动或嵌入式设备的虚拟机，那么该虚拟机就不能在使用x86处理器的虚拟机管理程序上运行。还有一种与虚拟机管理程序相关，用于跨处理器执行的技术，称为**模拟器**。模拟器读取目标或客体机处理器中的二进制代码，在主机处理器上模拟执行客体指令。模拟器通常还可以模拟客体机的I/O硬件设备。例如，开源的QEMU模拟器[1]可以模拟一个完整的PC系统，包括BIOS、x86处理器、内存、软盘驱动器、声卡、显卡。

托管式（Type 2）虚拟机管理程序和模拟器都允许用户通过显示器、键盘、鼠标与客体机应用程序进行交互。无论是桌面应用程序的开发人员，还是移动

---

[1] https://www.qemu.org。

平台或物联网（IoT）设备程序的开发人员，都可以使用托管式虚拟机管理程序和模拟器作为其构建/测试/集成工具。但是，本书不讨论模拟器，而是将重点放在Type 1虚拟机管理程序及其托管的虚拟机上。

虚拟机管理程序有两个主要功能：管理每个虚拟机中运行的代码，管理虚拟机本身。具体如下：

（1）通过虚拟化磁盘或网络接口进行通信，访问虚拟机外部资源的代码会被虚拟机管理程序拦截，并由虚拟机管理程序代表虚拟机执行。这可以让虚拟机管理程序标记这些外部请求，以便将这些请求的响应引导到正确的虚拟机。

对I/O设备或来自网络外部请求的响应是一个异步中断。这个中断最初是由虚拟机管理程序处理的。由于在一个物理主机上运行着多个虚拟机，而且每个虚拟机可能都有未完成的I/O请求，所以虚拟机管理程序需要通过标记的方法将中断转发给正确的虚拟机。

既不是普通的指令也不是外部请求的指令，我们称之为系统调用。在这种情况下，由虚拟机内部以用户模式运行的代码发出请求，并由内部操作系统提供服务，这经常会将虚拟机中正在执行的代码模式改为内核模式。根据硬件架构的不同，系统调用也可能会产生一个中断。在这种情况下，中断也是先由虚拟机管理程序处理，然后转发给相应的虚拟机，就像来自I/O设备或网络的异步中断一样。

（2）管理虚拟机是虚拟机管理程序的一项功能。例如，虚拟机的创建和销毁。虚拟机管理程序不会自行决定创建或销毁虚拟机，它会根据用户的指令或云架构指令行事。创建虚拟机的过程涉及加载虚拟机镜像，第1.3节会讨论这个问题。

除了创建和销毁虚拟机外，虚拟机管理程序还能监控虚拟机的健康状况和资源使用情况。遇到攻击时，虚拟机管理程序也会起到保护虚拟机的作用。

最后，虚拟机管理程序能确保虚拟机不会超限度地占用资源。每个虚拟机都有CPU、内存、磁盘、网络I/O带宽的使用限制。在启动虚拟机之前，虚拟机管理程序首先要确保有足够的物理资源来满足虚拟机的需求，同时确保虚拟机在运行时不会超过限制。

虚拟机的启动与普通物理机的启动一样。机器启动时，它会自动从磁盘驱动器[2]（可以是计算机内部的磁盘驱动器，也可以是通过网络连接的磁盘驱动器）中读取一个**引导程序**。引导程序从磁盘中读取操作系统代码，放到内存中，然后将执行权交给操作系统。物理机与磁盘驱动器的连接是在开机过程中进行的。虚拟机与磁盘驱动器的连接是由虚拟机管理程序在启动虚拟机时建立的。第1.3节将更详细讨论这个问题。

从虚拟机内部的操作系统和服务软件来看，软件似乎是在物理机内部执行的。虚拟机提供了CPU、内存、I/O设备和网络连接。第2章将介绍每个虚拟机都有自己的IP地址。事实上，操作系统很难判断自己是在虚拟机还是物理机中运行的，虽然它可以在日志文件中寻找证据，但这种检测方法是临时的，还必须针对每个不同的虚拟机管理程序进行判断。

虚拟机管理程序是一个复杂的软件。虚拟机的共享和隔离会带来额外的开销。与直接在物理机中的运行相比，一个服务在虚拟机上运行的速度要慢多少？这取决于服务的性质和所使用的虚拟化技术。例如，经常访问磁盘、网络、I/O的服务会比普通服务产生更多的开销。虽然虚拟化技术一直在进步，但根据微

---

[2] 磁盘驱动器包括旋转型硬盘驱动设备（HDD）和固态磁盘驱动设备（SSD）。需要指出的是，SSD 既没有盘片，也没有任何活动部件。

软的报告，其Hyper–V虚拟机管理程序[3]所占的开销也接近10%。

1.3 虚拟机镜像

VM Images

就像没有软件的物理机只是单纯地消耗电力和产生热量一样，没有软件的虚拟机也没有什么用处。物理机通过直接读取内置磁盘驱动器、外部磁盘驱动器或存储区域网络（SAN）[4]来加载软件，虚拟机也是如此，只不过它不是直接访问硬件或网络，而是通过虚拟机管理程序访问软件。

首先要认识到的是，不管是加载到物理机还是虚拟机，软件都是存储在某种介质上的比特集合。一个比特序列既可以被解释成数据，也可以被解释成指令或地址。开机引导程序首先将这些比特序列视为数据流，再将其视为一组可能包含嵌入式数据的指令。在开机过程中，先读取引导区的数据进入内存，然后作为指令来执行。简化的开机引导步骤如下。

（1）连接到磁盘驱动器。

（2）从预定位置（如主引导记录）读取引导程序代码，并将它们放入内存中。

（3）执行引导程序，将更多的代码读入内存。

（4）这些新加载的代码即为操作系统发出的指令，至此引导过程结束。

对物理计算机而言，第1步在重启机器或打开电源时由硬件执行，第2步由

---

[3] https://docs.microsoft.com/en-us/biztalk/technical-guides/system-resource-costs-on-hyper-v。

[4] https://en.wikipedia.org/wiki/Storage_area_network。

BIOS固件执行。对虚拟机而言，第1步和第2步由虚拟机管理程序执行。虽然有些虚拟机管理程序需要特殊的引导程序，但第3步和第4步对物理计算机和虚拟机来说基本上是一样的。

我们把磁盘驱动器中的内容称为**镜像**。这个镜像包含的比特序列构成将要运行的软件（操作系统和服务）的指令和数据。这些内容通常会分门别类地放在文件和目录中。镜像中还包含存储在预定位置上的开机引导程序。

创建新镜像有多种方法。第一种方法是找到一个正在运行所需软件的机器，然后将该机器内存中的比特序列做一个快照拷贝。

第二种方法是从现有的镜像开始为其添加额外的软件。有些机器镜像库（通常包含开源软件）提供了最精简的、只包含操作系统内核的镜像，有些包括完整应用程序的镜像，以及各种介于两者之间的版本。这些镜像常用于快速试用新的软件包或程序。然而，下载运行这类镜像可能会出现一些问题：小到无法控制操作系统和软件的版本，大到安全问题。镜像中的软件可能含有漏洞或不安全的配置，甚至可能包含恶意软件。第11章将讨论与网络下载软件有关的安全问题。

第三种方法是从零开始创建镜像，这有点复杂。首先在物理计算机上创建一个镜像，就像给新计算机安装操作系统一样。你要找到一个包含所选操作系统的安装介质，比如可启动的CD、DVD或U盘，其中包含用于创建镜像的程序。用这个安装介质启动你的新机器，它会格式化机器的磁盘驱动器，将操作系统复制到驱动器上，并在预定位置添加引导程序。移除安装介质设备后，重启机器，它会通过新创建的镜像启动。然后，你就可以在镜像中添加任何你想要的服务，还可以制作一个快照副本在其他机器上使用。

你可以按照类似的方法为虚拟机创建镜像。首先，使用托管式（Type 2）虚拟机管理程序，这样就可以交互地控制该虚拟机管理程序，并为虚拟机提供一个交互操作页面（GUI）。可以命令虚拟机管理程序使用空的虚拟磁盘驱动器启动一个新的虚拟机，并通过安装介质启动虚拟机。安装程序会将操作系统文件复制到虚拟机的虚拟磁盘驱动器上。这个过程中可能要让虚拟机管理程序将其自定义的引导程序添加到虚拟磁盘中（如前所述，有些虚拟机管理程序需要特殊的引导程序）。然后，你可以在虚拟磁盘上制作快照副本，并使用该镜像来启动其他虚拟机。

这种手动创建虚拟机镜像的方法很好理解，但很浪费精力。第11章将谈到，随着操作系统和其他软件的不断升级，镜像必须经常更新。为了提高效率，我们需要自动化创建新镜像，第7章将讨论这个问题。

通常，镜像只包含操作系统和基本程序。如果需要添加其他服务，可以等虚拟机启动后再向镜像中添加，这个过程称为配置。

图1.4展示了创建和加载虚拟机镜像的过程，先从一个虚拟机生成镜像，随后由虚拟机管理程序加载到另一个虚拟机中。

图1.4 创建和加载虚拟机镜像的过程

1.4 容器

Containers

虚拟机解决了20世纪60年代出现的资源共享和隔离的问题。然而，由于虚拟机镜像较大，导致在网上传输很耗时。假设要在网上传输一个8 GB的虚拟机镜像，理论上，以1 Gb/s的网络速度传输，这需要64 s。但实际上，网络的运行效率仅为35%。因此，传输一个8 GB的镜像就需要3 min左右，而且传输完成后，虚拟机必须启动操作系统和服务，这需要更多的时间。

容器的出现解决了这一问题。容器既保持了虚拟化的优势，又减少了镜像传输和启动的时间。

再看图1.2，虚拟机是在虚拟机管理程序的控制下，在虚拟化的硬件上执行指令的。容器则是在容器引擎的控制下运行，容器引擎又运行在一个固定的操作系统上（见图1.5）。与虚拟机类似，容器也将操作系统虚拟化了并在上面运行。正如物理主机上的所有虚拟机共享相同的底层物理硬件一样，所有容器共享相同的操作系统内核（并通过操作系统共享相同的底层物理硬件）。操作系统既可以加载到裸机上，又可以加载到虚拟机上。

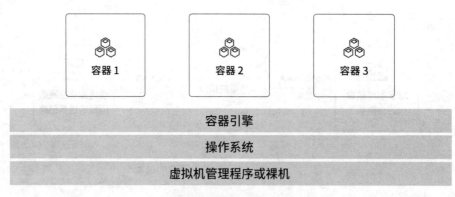

图1.5 容器的运行方式

容器引擎使用Linux的一些特性来共享操作系统，同时提供隔离。容器引擎通过Linux控制组设置资源利用限制，使用Linux命名空间来隔离容器。

共享操作系统大大降低了传输镜像的难度。只要目标机器上运行着容器引擎，就不需要将操作系统作为容器镜像的一部分传输。由于现代操作系统的大小通常在1 GB左右，所以节省了大量时间。

其次，容器镜像采用了分层机制，这大大减少了镜像的启动时间。为了理解这一点，我们需要了解容器镜像的构造方式。假设我们要在LAMP（Linux、Apache、MySQL、PHP）软件栈上采用分层的方式构造容器镜像。LAMP是常用的构建Web应用的软件栈。

我们首先创建一个包含Linux（如Ubuntu）的容器镜像。这个镜像可以从容器管理系统的镜像库中下载。创建完Ubuntu容器镜像并识别为一个镜像后，就可以通过执行该镜像来制作一个容器，然后通过这个容器中Ubuntu自带的功能加载Apache。接下来退出容器，让容器管理系统将其保存为第二个镜像。再运行第二个镜像并加载MySQL。再一次退出容器，并给这个镜像命名。重复一次这个过程并加载PHP，最后就得到一个包含LAMP软件栈的容器镜像。因为这个镜像是分步创建的，容器管理系统将每一步都做成一个镜像，所以最终的镜像是分层的。

现在我们可以把LAMP容器镜像移动到其他位置使用。首次移动时需要移动软件栈的所有元素，故所花费的时间是移动整个软件栈的时间。然而，假设只是更新了PHP的版本，需要将修改后的软件栈移动到生产环境里，那么容器管理系统就可以只移动PHP层的镜像。这就节省了移动其余层的时间。实际应用中常常需要频繁地更改镜像中的软件组件。这种情况下，使用容器比使用虚拟机快得多。加载一个虚拟机需要几分钟的时间，而加载一个新版本的容器仅需几毫秒或几微秒。

以后还可以将创建容器的过程脚本化。这个脚本文件将包含用于创建容器镜像的特定工具，允许指定加载哪些软件到容器中并保存为镜像。对这个脚本文件进行版本控制，就可以确保团队所有成员都创建相同的容器镜像。第7章将详细讨论这个问题。

~~~~~~

小提示：容器镜像

容器镜像本质上也是一组比特序列，它在运行时将成为一个容器。

然而，人们也常常用容器指代容器镜像。例如，第4章将讨论容器制品库。

严格来说，容器制品库实际上是容器镜像的制品库。

~~~~~~

1.5 总结
Summary

硬件虚拟化支持多个虚拟机共享同一台物理机，同时还能强制隔离CPU、内存、磁盘存储和网络。这使得物理机的资源可以在几个虚拟机之间共享，并减少公司购买或租用物理机的数量。

虚拟机镜像是加载到虚拟机中并可以直接执行的一组比特序列。

容器是虚拟化的操作系统，与虚拟机相比，容器具有性能优势。当一个组件发生变化时，以层为单位构建的容器能更快地完成部署。

1.6 练习
Exercises

你可以借助互联网来完成练习。网上很可能已经有如何使用特定工具或执行特定操作的指南可供参考。如果你在操作时获得了错误信息，那么可以通过将错误信息粘贴到搜索引擎中来寻找解决办法。

1. 下载VirtualBox，在主机上创建一个虚拟机管理程序。

2. 使用VirtualBox创建一个运行Ubuntu的虚拟机。

3. 使用apt-get将LAMP加载到你的虚拟机中，这个过程中出现了哪些错误信息？

4. 创建一个Docker容器镜像，并将LAMP软件栈分为四层。使用一个简单的PHP程序来测试该镜像。

1.7 讨论

Discussion Questions

1. 哪里可以找到Ubuntu发行版？如何将Linux内核发行版变成Ubuntu发行版？谁在为开发Ubuntu发行版提供资金？

2. 列举不同Linux发行版中使用的不同软件包管理系统。它们之间有什么区别？

3. 托管在同一台物理计算机上的两个虚拟机是相互隔离的，但其中一个虚拟机仍有可能会影响另一个虚拟机。何时会发生这种情况？

4. 容器管理系统是如何知道只有一层发生了变化，从而只传输这一层的？

5. 我们之前主要关注的是在同一个虚拟机管理程序上同时运行的虚拟机之间的隔离问题。如果虚拟机关闭并停止执行后又启动了新的虚拟机，那么虚拟机管理程序如何隔离非同时运行的虚拟机？（提示：内存、磁盘、虚拟MAC。）

第2章 网络

Networking

网络与虚拟化都是云计算的基础。本章讲解网络，第3章介绍云计算。

学习本章后，你将掌握IP地址和IP协议套件，熟悉端口和TCP/IP，了解能让你找到给定主机名对应IP地址的域名系统（DNS）。我们还将讨论子网、防火墙、使用隧道穿过防火墙等话题。

2.1 简介

Introduction

网络使我们能够从一台计算机向另一台计算机发送消息，或者更准确地说，从一台计算机上运行的服务向另一台计算机上运行的服务发送消息。这些计算机既可以是物理机，也可以是虚拟机。第1章介绍过网络接口的虚拟化，本章将讨论更多的细节。

理论上，如果计算机在同一栋建筑物内，并且连接在一起，那么发送消息是很容易的。我们将消息的位加上指定接收者的服务地址（作为前缀）发送到网线上。每台计算机都会监听网络上的所有消息，如果发现有一条消息是发送给自己的某个服务的，就将消息从网络上收取下来，然后将消息发送给相应的服务。不过，这个看似简单的过程有很多复杂的细节。如果两个服务同时将消息发送到网络上怎么办？如何给计算机分配地址？如何处理可能破坏消息内容的电子噪声？局域网（LAN）协议（如以太网协议）解决了这些复杂的问题。以太网协议规范长达三千多页！

让网络上的每台计算机都监听所有消息是不现实的。于是诞生了互联网协议（Internet Protocol，IP）。Internet是internetwork的缩写。IP能够有效地将小型网络连接在一起。IP不要求每台计算机监控网络上的每一条消息，而是通过一系列被称为路由器的特殊计算机来传递消息。消息经过一系列路由器，最后被传递给指定的接收者。IP很聪明，消息发送者并不需要知道到达目的地要经过哪些路由器。相反，消息发送者和途经的每一个路由器，只需要选出下一个最有可能让消息更接近接收者的路由器[5]。由于每个消息通常只发送给下一个路由器，所以IP能有效地利用带宽。

标准互联网从逻辑上可以分为四层，如图2.1所示。最底层是数据链路层，包含上面提到的以太网。第二层是网络层，包括IP和其他一些协议，用于将消息从源计算机传递到目标计算机。第三层是传输层，用于将源计算机上的服务与目标计算机上的服务连接起来。第四层是应用层，它定义了客户端和服务之间的消息结构。

---

[5] IP 也有广播消息，但不会频繁使用。

层	典型协议
应用层	HTTP、IMAP、LDAP、DHCP、FTP
传输层	TCP、UDP、RSVP
网络层	IPv4、IPv6、ECN、IPsec
数据链路层	Ethernet、ATM、DSL、L2TP

图2.1 标准互联网层次

以太网通常在源计算机和传输路径中的第一个路由器之间，以及传输路径中的最后一个路由器和目标计算机之间提供物理层。传输路径中的其余路由器之间的连接可以使用其他物理层协议，以便进行长距离通信，如异步传输模式（ATM）或同步光网络（SONET）。

接下来重点讲解网络层和传输层。重要的应用层协议将在后面章节介绍。其余应用层协议（如电子邮件IMAP4协议）则不在本书的讨论范围之内。

小提示：互联网与WWW

经常有人问：互联网和万维网（WWW）的区别是什么？第一，互联网在20世纪80年代就已经存在，万维网则是20世纪90年代才开始的，因此，万维网是建立在互联网之上的。第二，互联网由图2.1中下面的三层构成，而万维网则存在于应用层。第三，两者由不同的组织管理。互联网由互联网工程任务组（http://www.ietf.org）管理，万维网由万维网联盟（https://www.w3.org）管理。这两个组织有自己的管理范围和管理标准。这些标准是通过公开透明的程序制定的，你可以在它们的主页上找到这些标准。

讨论网络层，首先要考虑源计算机和目标计算机在互联网上是如何寻址的。

2.2 IP地址
IP Addresses

如上所述，互联网将网络连接在一起。图2.2显示了几种典型的由互联网连接的网络。每台连接到互联网的计算机或设备都会分配一个IP地址。其他设备通过这个地址向该设备发送消息。

图2.2 连接到互联网的各种网络

互联网通信协议第四版（IPv4）是第一个广泛使用的互联网协议寻址方案。它使用32位二进制数来表示一个地址，通常写为点分十进制格式。地址中的每个八位字节由0到255之间的十进制数表示，十进制数之间用点分隔，例如4.31.198.44。

像whatismyip.com这样的网站，可以用来查询你的计算机的IP地址。32位二进制数可以生成超过40亿个地址。但这对现代世界来说已远远不够，所有可用的IPv4地址都已经分配完。

由于可预见到IPv4地址的耗尽，1996年IETF（互联网工程任务组）批准了新的IP寻址方案，称为互联网通信协议第六版（IPv6）[6]。IPv4和IPv6的主要区别是，IPv6的地址长度为128位。这在很长一段时间内是够用的。IPv6地址以8组4

---

[6] 假如你对 IPv5 感兴趣的话，这里也解释一下。IPv5 是一个实验性的协议，用于在互联网上传流数据，它的地址格式跟 IPv4 的地址格式是一样的。

位十六进制数表示，各组之间以冒号分隔。按照惯例，每组中的前导0都被省略，一组或多组连续的0用两个冒号（::）代替。例如，IPv4地址4.31.198.44的IPv6地址为2001:1900:3001:11::2c。

这些寻址方案都使用了相似的路由策略。编写本书时，IPv4仍然是互联网上的主流。例如，不到25%的谷歌搜索来自使用IPv6的系统。为简化讨论，本章只使用IPv4的例子。

2.2.1 分配IP地址
Assigning IP Addresses

互联网名称与数字地址分配机构（Internet Corporation for Assigned Names and Numbers，ICANN）是一个非营利组织，负责分配域名和IP地址。本节介绍其职责中的数字部分，下一节讨论域名系统和域名分配。

互联网号码分配局（Internet Assigned Numbers Authority，IANA）是ICANN的一个部门，它采用层级结构来分配号码。在第一层，地址被划分成大地址块（×.0.0.0至×.255.255.255）分别分配给大地址块管理者。ICANN授权大地址块管理者进一步分配地址。这些大地址块管理者大多是管理北美、欧洲、非洲、亚太等地区互联网地址的非营利组织。有几块大地址块直接分配给了大型电信公司和计算机硬件公司，还有几块大地址块分配给了美国国防部[7]。这些区域性机构进一步将大地址块分配给像AT&T、BT、DT这样的互联网服务提供商（ISP），或者大型企业和组织。无论是ISP还是企业，都会进一步将地址分配给其网络上的计算机和设备。

IP地址有两个属性需要特别注意。

---

[7] 美国国防部在早期资助了互联网的开发和运营。

1. 公有与私有

IP地址分为公有IP地址与私有IP地址两种。私有IP地址有三个用途。首先，在本地网络上使用私有IP地址，可以让多个不同的网络使用同一个IP地址。这使得IPv4可以覆盖超过2^{32}台设备。其次，私有IP地址允许企业自行在内部网络上添加或删除设备，而不需要与上级地址分配机构协调。通常来说，企业需要为IANA层级机构分配的公有IP地址支付管理费。最后，私有IP地址还允许企业在私网和公网间使用网络地址转换（NAT）设备，从而隐藏内部网络的结构。NAT设备通常是防火墙的一部分，限制两个网络之间的IP消息交换。NAT设备和防火墙提高了网络边界的安全性和隐私性。

IANA已将以下IPv4地址指定为私有地址：

- 10.0.0.0至10.255.255.255；

- 172.16.0.0至172.31.255.255；

- 192.168.0.0至192.168.255.255。

所有本地网络都可以将以上这些地址自主分配给本地网络上的设备。如果你看到一个设备的IP地址在这些范围内，那么就是一个私有IP地址，只有在本地网络才能看到和访问。

还有一段IP地址是私有的，并应该特殊对待，这就是127.×××.×××.××地址块。这些IP地址称为保留地址。127.0.0.1是最常用的保留地址。当你向这个地址发送消息时，消息不会被发送到网络上，而是立即传回来，就仿佛是从网络上收到的一样。通常，127.0.0.1称为localhost。因此，如果你想在本地测试一个网页，有一种方法是在浏览器中输入localhost/test page，请求就会被发送回你的设备，如果你的环境设置正确，就会显示测试页面。

对一个给定的IP地址，我们无法完全确定它是公有地址还是私有地址。因为公有或私有只取决于网络基础设施是如何设置的。当然，在指定的私有IP地址范围内的地址肯定是私有的，但是也会有其他地址范围被设置为私有的情况。

2. 静态与动态

ISP和企业可以为你的设备分配一个永久IP地址，但你的设备也可以在每次连接到网络时请求一个新的临时地址。如果设备拥有一个永久的、静态的IP地址，那么向该设备发送消息的其他服务就可以直接向该地址发送消息，而不必先发现该设备。这对于路由器、服务器和其他网络基础设施（硬件）很有用，但对于运行服务的设备或客户端设备来说不是太有用。客户端设备每次连接到网络时都会被赋予一个临时的、动态的IP地址。例如，使用动态IP地址对于无线网络的高效运行来说是必不可少的，它可以让你的笔记本电脑不必申请静态IP地址，也不必重新配置网络设置，就可以连接到咖啡馆或网吧的WiFi网络。动态地址对于云计算来说也是必不可少的。

动态主机通信协议（DHCP）是用来管理动态IP地址的。每个本地网络都有一个DHCP服务器，它通常内置在路由器中。当你启动设备连接到网络时，你的设备会向本地网络广播一条消息。本地网络上的DHCP服务器能读懂这条消息。DHCP协议定义了设备与DHCP服务器如何交换消息以确定设备在该网络上存在。

设备把一个消息广播到本地网络，让其他设备"发现"自己，以便进一步通信，这种方式在网络中很常见，后面我们将看到它的进一步用途。

请注意，完整的网络配置除了设备的IP地址外，还包括其他参数，例如本地网络的地址范围，以及向本地网络外的地址发送消息的路由器地址。

只给定一个IP地址，是无法确定该地址是静态的还是动态的。你必须检查网络配置。一般的网络要么使用静态IP地址，要么使用DHCP。

IP地址的两个属性可以结合起来描述设备的寻址方式。私有动态IP地址无处不在——如果你是在一个连接互联网的设备上阅读本书，那么它可能有一个私有动态IP地址。私有静态IP地址用于私有网络上的网络基础设施设备。公有动态IP地址通常由ISP分配给用户。如上所述，网络配置除了IP地址，还包括其他参数。最后，公有静态IP地址对于互联网级别的基础设施来说是必不可少的，比如我们之后会讨论的DNS服务器。

2.2.2 消息传递
Message Delivery

前面我们讨论了消息是如何在本地网络上传递的。一个本地网络上的设备使用互联网协议（IPv4或IPv6）向另一个网络上的目标设备发送消息时，必须经过一台或多台称为路由器的特殊计算机。路由器的一个显著特征是它有一个以上的网络接口，每个接口连接到不同的网络，并在该网络上有一个IP地址。路由器通过一个连接到某个网络的接口接收该网络发送来的消息，并通过连接到另一个网络的接口将消息发送出去。我们不详细介绍这种路由器网络（会很复杂），但有以下几点你需要了解。

• 网络中存在噪声和错误。电磁干扰、连接松动，甚至老鼠啃食电线，都有可能造成数据位丢失。这将导致错误的消息或丢失消息。我们将在讨论IP地址和TCP协议时看到这些故障的补偿机制。

• 个别路由器可能会出现故障。所有的计算机都可能会出现故障，路由器也不例外，所以它在传递消息时有一定的概率出现故障。消息可能会被复制，并通过不同的路线多次发送。这意味着接收者必须能够识别出已经收到的消息副本。

• 消息的传递需要时间。消息一次一位地从一个路由器传递到另外一个路由器。如果两个路由器距离很近，则为纳秒级，如果距离较远，则为微秒级。虽然传递得很快，但这仍然需要时间。当我们讨论分布式计算机之间的协调时，这将变得非常重要。

- 如果消息的目的地是虚拟机，那么消息会经由虚拟机管理程序到达相应的虚拟机。如果消息的目的地是容器，那么消息将经由虚拟机管理程序到达相应虚拟机中的容器运行时，然后再到目标容器。

2.2.3 互联网协议

Internet Protocol(IP)

IP地址用于将消息导向指定设备，但是解释消息需要发送者和接收者之间就消息中数据位的格式和意义达成一致。这就是互联网协议的目的。互联网协议规定消息由两部分组成：头部和数据部分，并规定了头部中位的结构和意义。头部明确了发送者和接收者的IP地址，并为传递消息的路由器提供指令。数据部分的格式和含义由发送者和接收者协商确定。

正如你所期望的，IPv4和IPv6的头部是不同的。IPv4头部中的主要字段包括以下几方面。

- 版本。该字段占4位，对于IPv4来说，其值为4。

- 互联网头部长度（Internet Header Length，IHL）。该字段表示头部的大小（这也与数据的偏移量一致）。头部的最小值为20字节，最大值为60字节。

- 标识符。这个字段用来唯一地标识消息。一条消息的多个副本可能会通过多条线路传递到目的地，因此一个接收者可能会多次收到某条消息。标识符字段用于检测同一消息的多次投递。

- 差分服务代码点（Differentiated Services Code Point，DSCP）。实时数据

流这样的新技术的出现，使得IP消息也需要进行特殊的处理。DSCP字段指明了应用于该消息的路由策略。例如，基于IP的语音传输（VoIP）用于交互式数据-语音转换。

- 全长。该字段最短为20字节（只有头部，没有数据部分），最长为65535字节。

- 分片信息。IPv4消息的长度最长为65535字节。这对于某些数据来说不够长，所以IPv4允许将数据分割成许多个碎片字段，然后从可能不按顺序接收的碎片中恢复原来的数据。

- 存活时间（Time to Live，TTL）。8位的存活时间字段指明消息在到达目的地途中可以通过的最多路由器数量。

- 协议。该字段定义了电文数据部分使用的协议。互联网号码分配局维护着一个IP协议号的列表。我们稍后看到的TCP就是其中一个协议。

- 头部校验码。16位的校验码字段用于检测消息头部的位损坏。当消息到达路由器时，路由器再计算头部的校验码，并将其与校验码字段进行比较。如果值不匹配，路由器就会丢弃该消息。数据部分的错误必须由封装协议处理。当消息到达路由器时，路由器会将TTL字段减1。因此，路由器必须计算出一个新的校验码字段，再将消息发送至下一个路由器。

- 源地址。该字段是数据包发送者的32位IPv4地址。我们将在下文中讨论该地址如何在传输过程中被网络地址转换（NAT）设备改变。

- 目的地址。该字段是数据包接收者的32位IPv4地址。与源地址一样，在传输过程中，NAT设备可能会改变这个地址。

关于IPv4的消息格式需要注意以下几点。

- 请注意字段的大小有限。IPv4是在网络通信速度慢的时代定义的，因此，较小的数据包很重要。然而，这些大小限制正是IPv4过时并被IPv6取代的原因。

- 注意使用"存活时间"。这是为了防止消息在网络中永远循环。对于IPv4和IPv6来说，这是消息所经过的路由器数量。下面我们会看到DNS记录也有一个叫Time to Live的字段，它的意义和用途完全不同。这个字段名的多重含义有时会引起混淆。

- 还应注意容错。IP运行在数据链路层之上，可以是有线以太网，也可以是更容易发生数据损坏的卫星链路或长距离无线链路。头部校验码是一种错误检测机制。

IPv6的头部就简单多了。它主要包含有以下字段。

- 版本。IPv6的版本号是6。

- 流量等级。类似于IPv4的差分服务代码点。

- 流量标签。IPv6不支持碎片化的数据，这个标签是用来告诉路由器将具有相同标签的消息保留在相同的路径上，从而保证消息不会出现混乱。

- 数据部分长度。IPv6默认的数据部分大小限制为65536字节，与IPv4的相同。然而，如果网络基础设施支持，IPv6将允许高达1 GB的数据。

- 下一报头。该字段用于指明消息中数据部分的开始位置，类似于IPv4中的IHL字段。

- 跳数限制。该字段规定消息在到达目的地途中最多可以通过的路由器数量，类似于IPv4中的TTL字段。

- 源地址。发送消息设备的128位地址。与IPv4一样，这个地址可能会在消息的生命周期中被修改。

- 目的地址。接收消息设备的128位地址。与IPv4一样，这个地址可能会在消息的生命周期中被修改。

IPv4和IPv6的区别主要有以下几点。

- 地址空间的大小：32位与128位。

- IPv4的私有地址这一概念被IPv6的唯一本地地址的概念所取代。IPv6保留了从fd00::0到fdff:ffff:ffff:ffff:ffff:ffff:ffff:ffff的地址块在本地网络内分配，而不需要与任何上级地址分配机构协调。

- IPv6本地主机地址为::1（全部为0，最低有效位设为1）。

- 虽然IPv6允许更大的数据，但默认的数据大小与IPv4是一样的。

- 在IPv4中，数据的碎片化是协议的一部分。在IPv6中，任何数据的碎片化都是发送方和接收方额外约定的结果，是在协议之外的。

- IPv6头部中没有校验码。协议设计者注意到，底层的数据链路层协议（如以太网）和应用层协议（如TCP）都包含错误检查，因此这种校验码是不必要的。正如我们上面所讨论的，IPv4必须为每一跳重新计算校验码，所以去掉校验码可以提高路由器的性能。

虽然IPv6在1996年实现了标准化，但被广泛使用的速度却很慢。因为一部分的消息处理是在高性能路由器上进行的，这意味着为了兼容IPv6的长地址，这些路由器和传输计算机必须进行调整。此外，私有IP地址的使用使IPv4的寿命延长了几十年。

无论是IPv4还是IPv6，互联网协议消息的数据部分都可能包含其他协议。我们将看到的TCP协议，它就被嵌入了互联网协议消息的数据部分中。当我们讨论隧道时，还将看到进一步的嵌套。最终的实际数据可能会被嵌套在互联网协议数据部分的两层或三层深处。

现在我们把目光转向域名系统（DNS）。

2.3 DNS

DNS

IP地址不适合大多数终端应用。首先，它们很难被记住，尤其是IPv6地址。更重要的是，在大多数情况下，它们并不是静态的。一个设备的IP地址在每次启动并连接到网络时都可能发生变化。最后，我们希望能够灵活地访问IP地址不同但逻辑功能相同的一组服务器中的任意一个。

逻辑名更适合用来指代服务。这就是域名和互联网域名系统（DNS）的目标。你可以把DNS看成是一个有两列的表：主机名和IP地址。我们在图2.3中展示了DNS的简化视图。主机名标识了一个逻辑资源，可以是一个Web服务器、一个数据库服务器、一个文件服务器，或者其他一些带有API的服务。

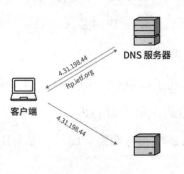

图2.3 DNS的简化视图

主机名是你在网络浏览器中使用的统一资源定位符（URL）的一部分。例如，https://www.ietf.org/about/将带你进入一个介绍互联网工程任务组的页面。主机名是www.ietf.org，"/about/"是该主机名中的一个路径。也可以在路径中添加参数。你的服务或浏览器将URL的主机名部分发送到DNS，并得到一个或多个IP

地址。现在，假设返回的是一个IP地址（我们将在本节后面处理其他情况），我们可以用它来向该IP地址上运行的Web服务器或其他服务发送消息。

当然，DNS在逻辑上和实际上都比图2.3所示的要复杂得多。我们将讨论一些逻辑上的复杂性，但省略大部分有关实际复杂性的讨论。关于实际复杂性，你应该认识到DNS是由分散在世界各地的大量分布式复制的计算机组成的。

2.3.1 主机名结构
Hostname Structure

主机名是你要访问的各种服务器的名称，其结构中的各元素以"."分隔。虽然主机名与IPv4地址的结构相似（元素用"."隔开），但主机名的字段与IPv4地址元素之间没有对应关系。

以主机名www.amazon.com为例，这是一个可以订购本书的网站。解析（resolve）主机名需要通过一系列的查找（lookup），换言之，一系列向域名服务器发出的请求。解析顺序从右到左：从".com"字段开始。.com域名服务器中存储了所有.com域名服务器地址。因此，要将主机名解析为IP地址，首先要向.com域名服务器查询amazon.com域名服务器地址。

如果你留心，就会意识到我们有些操之过急。我们是如何知道.com域名服务器地址的呢？在之前讨论静态和动态IP配置的时候提到过，除了IP地址外，配置还包括其他参数。其中一个参数是本地DNS服务器的地址。这台服务器是我们与全球DNS服务器层级之间的代理。我们向本地DNS服务器发出请求，然后它从全球DNS服务器层级的根开始查找。这个根是由13个IP地址固定的根域名服务器组成的，它由IANA管理（虽然根域名服务器有13个IP地址，但物理服务器有数百个。网络基础设施将负载和故障从13个根地址分配和转移到服务器组上）。

这些根服务器维护着顶级域（TLD）服务器的IP地址。历史上，顶级域仅限于.com、.edu、.org、.net、.gov和.mil。随着互联网的发展，顶级域超过了3000个，其中包括国家代码域（如.uk、.au或.jp），以及利益相关社群的赞助类顶级域（如.job和.travel）。

因此，要将主机名www.amazon.com解析为IP地址，需要先向根服务器查询.com域名服务器的地址，然后向.com域名服务器查询amazon.com域名服务器的地址，再向该服务器查询 www.amazon.com 的 IP 地址。这样就得到了www.amazon.com的IP地址。

2.3.2 存活时间
Time to Live

如果互联网上的域名解析每次都要从根域名服务器开始，那么整个互联网就会停止运行。在这个过程中，域名解析的结果在每一个层级上都有缓存：在设备的网络栈中、在本地DNS服务器上及在DNS的每一个层级上。当使用服务时，我们通常会向同一个目的地发送一系列消息，因此，缓存目标地址的性能优势是十分显著的。另外，即便是动态分配的IP地址，也不会经常变化，所以缓存是相对安全可靠的。然而，当地址确实发生变化时，我们需要一种策略来使缓存的信息失效。DNS层级中的每个服务器都包含了每个响应的存活时间（TTL）。正如我们前面所提到的，DNS TTL与IP协议中的TTL不同。DNS TTL指的是对每个请求方而言，其所请求的IP地址的有效时间。例如，一个顶级域（TLD）服务器的TTL是24小时。因此，你的本地DNS服务器可以缓存一个TLD服务器的IP地址，并认为它的有效期为24小时。如果TLD服务器的地址发生变化，那么这种变化需要24小时才能通知到整个互联网。

DNS层级中每一级的服务器可能会将TTL设置为不同的值。通常，随着距离你要访问的最终服务器越来越近，TTL会变得越来越短。将某些服务器的TTL设置为一个5分钟或更短的值，是很有好处的，后面我们将解释原因。

2.3.3 使用DNS来处理过载和故障问题
Using DNS to Handle Overload and Failure

我们已经勾勒出了一个非常简单的画面：你向DNS查询主机的地址，你得到一个IP地址，然后再向这个地址发送一条消息。这么简单的场景会出现什么问题呢？

计算机会出现故障。如果你要发送消息的目标计算机没有响应，那么会发生什么？它没有响应可能是因为故障，也可能是因为负载过重或太忙，也可能是你的计算机和你要发送信息的计算机之间的网络连接有问题。

在本书讨论的基于消息的系统中，主要的故障检测机制是超时。也就是说，如果你发送了一条消息，但没有及时收到响应，就会假定接收方出现了故障。通常情况下，你会重试发送几次，然后再断定是否发生了故障。

DNS可以帮助客户端处理请求超时。域名服务器在响应解析请求时不是返回一个单一的IP地址，而是返回一个列表。列表中包含许多不同计算机的地址，这些计算机正在运行由同一个主机名标识的同一个服务。然后，你可以向列表中的第一个地址发送消息，如果没有得到响应，你再向第二个地址发送消息，以此类推。

计算机也会过载。一种管理过载的技术是使用基于DNS的负载均衡。域名服务器可以通过轮换返回给每个客户端的地址列表来平衡请求。也就是说，第一次查询会返回IP1、IP2、IP3，第二次查询会返回IP2、IP3、IP1。请求会在服务的副本间进行分配。这种方式称为循环（round robin）DNS。

现在你明白了如何把消息传到电脑上，但是消息还是没有到达你想要发送的服务上。这就是端口和TCP的作用了。

2.4 端口
Ports

图2.4展示了一家老式企业的电话总机。所有来电都是通过拨打同一个电话号码打到接线员那里，接线员会向来电者询问其希望接通的分机，然后将电话线插入该分机的插座。分机上的电话会响起，接电话的人拿起电话，开始与来电者通话。

图2.4 老式电话总机[8]

---

[8]https://commons.wikimedia.org/wiki/File:Jersey_Telecom_switchboard_and_operator.jpg#file。

计算机系统使用相同的架构来传递消息。根据IP地址将消息送到目标计算机，然后根据端口号将消息送到相应的服务。每个服务都在一个或几个端口上监听，这样，当收到一条消息时，它就会接收该消息并做出响应。

与域名和IP地址类似，IANA维护一份为特定应用保留的端口号列表，端口号0至1023是保留给互联网标准协议使用的，例如：

- 22用于安全外壳协议（Secure Shell，SSH）；

- 25用于电子邮件服务；

- 53用于DNS；

- 80用于HTTP（超文本传输协议）；

- 443用于HTTPS（超文本传输安全协议）。

端口号1024至49151由IANA分配给其他类型的服务，例如：

- 2181用于Apache Zookeeper客户端；

- 5432用于PostgreSQL数据库；

- 9092用于Apache Kafka消息传递。

最后，端口号49152到65535是动态或临时端口，这种端口是临时的，用于服务辅助连接。

有些端口号的分配细分到了令人吃惊的程度。例如，端口号17是为"每日格言"保留的。有些显然是历史遗留问题，比如为AOL即时通保留的端口号5190。

2.5 TCP

TCP

正如IP地址需要IPv4之类的协议来定义如何解释消息一样，端口也有多种协议，可以在端口级别进行解释。最常见的基于端口的协议是传输控制协议（TCP）。TCP是一种传输层通信协议。如图2.1所示，传输层在互联网协议提供的网络层与应用层之间。应用程序向其TCP层发送一系列消息，TCP层利用网络层和数据链路层与接收方的TCP层进行通信。发送方和接收方的TCP层共同提供可靠[9]、有序、带有错误检查的消息传递。

与IP协议一样，TCP消息也有一个头部和一个数据部分。在详细介绍TCP报头之前，我们先讨论TCP报头的可靠性、有序性和错误检查等方面的内容。

每个TCP消息都有一个与之相关的序列号。这个序列号用于确保消息按照发送方的预定顺序传递给接收方的应用程序。序列号也被接收方当成一份回执（ACK）。

发送方的TCP层发送一个带有序列号的消息，然后等待接收方的TCP层发回的ACK。如果没有及时收到ACK（即发生超时），则TCP层将重新发送消息。如果接收方已经收到第一次发送的消息，则会丢弃第二次发送的消息。因此，序列号既可保证可靠性，又是对TCP数据包进行排序的手段。

TCP报头还包括一个用于错误检查的校验码。前面讨论的IP校验码只在IP报头上计算，不会检测包含在IP数据部分中的TCP报头和TCP数据部分的错误。TCP校验码是在TCP报头和TCP数据部分上计算，以检测传输中的错误。如果校验码表明在传输中发生了错误，接收方的TCP层就会丢弃该消息，且不发回ACK。这样，发送方将在超时后再次发送数据包。

有些优化技术可能会减少所需的ACK数量，从而不必为每个数据包都产生ACK。

---

[9] 在计算机网络术语中，"可靠"意味着这个协议可以检测消息传递失败，而不是说消息总是能送达。同样，"不可靠"意味着无法检测到消息传递失败，并不是说这个协议本身不值得信任。

可以看出，TCP连接是可靠的，而且是经过错误检查的，因为如果一条消息没有送达或损坏，该消息的ACK就会超时。此外，消息会按照发送方服务发送的顺序传递给接收方服务。然而，如果你是一个服务开发者，这些TCP特性可能还不能很好地满足你的系统需求。例如，TCP ACK超时的确切值在不同的操作系统中有所不同，但通常在75到100秒的范围内。出现超时后，消息可能会先被发送方的TCP层重新发送三次，之后TCP层才会向应用层报错。因此可能需要数分钟，发送方应用层才能检测到网络故障或目的服务故障。接收方的TCP层必须按顺序将消息传递给接收方服务，所以，如果一条消息丢失，那么在丢失的消息被重新发送并接收之前，接收方的TCP层将不会再传递后面的消息。基于这些原因，许多服务选择在应用层实施消息的排序和确认，而非依赖于TCP层，因为这样可以更快地发现故障，并采取适当的措施，例如，重定向请求并通知正在交互的用户。

除了序列号和校验码外，TCP数据包的头部还包含一个源端口和一个目的端口。就像接收数据包的服务有一个侦听端口一样，发送数据包的服务也在某个端口上侦听。因此，发送方端口和接收方端口都是必要的。通常情况下，发送方端口号是一个动态的或临时的端口，由发送方的TCP层自动获取。

在消息传输到其目的地的过程中，与IP地址一样，NAT设备可能会改变TCP报头中的端口号。

2.6 IP子网

IP Subnets

子网是指一组直接相连的计算机或设备。这就是我们在本章介绍中提到的网络类型：在子网上发送的任何消息都能被所有设备看到。子网上设备之间的消息不通过IP路由器。

创建子网的主要原因是网络性能。如果你的本地网络不断扩大导致流量过载，性能开始受到影响，那么你应该在本地网络中定义子网络。

子网也是IP地址空间的一种逻辑划分。通过将IP地址按范围分组，并将这些地址块按层级排列，可以只看地址的一部分，就能决定我们应该先向哪个路由器发送消息，从而使消息更接近其最终目的地。这大大简化了路由器必须执行的处理，并减少了路由表所需的内存，从而降低了成本并加快了消息传递的速度。

在地址空间内创建子网的方式是，使子网中的所有设备拥有相同IP地址的第一部分（子网前缀）。IP地址的剩余部分标明子网中作为消息接收方的是哪个设备。

例如，作为系统管理员，假设你得到了一块以71.229.83.×××开头的IP地址，那么可以将任何以这组数字开头的IP地址分配给你所控制的计算机，如71.229.83.1、71.229.83.2等。

每个子网都有一个**子网掩码**。这是一个二进制数，与IP地址进行逻辑运算AND，以获得子网前缀。在我们的例子中，子网掩码为255.255.255.0。当这个掩码与子网中的设备的IP地址进行逻辑AND运算后，将产生子网前缀71.229.83.0。另一种用来表示子网掩码的方法叫CIDR表示法，该表示法是在无类别域间路由协议的规范中引入的。CIDR表示法是在IP地址上附加一个斜杠和数字，其中数字代表子网掩码中前面1的个数。在我们的例子中，子网掩码255.255.255.0前面有24个1，所以我们用CIDR表示的IP地址为71.229.81.1/24。考虑到IPv6地址的长度，这种表示法比明确指定子网掩码要方便得多，所以IPv6的子网划分完全使用CIDR表示法。最后要注意的是，子网掩码不一定要在8位边界结束。过去，

IPv4子网掩码通常是/8、/16或/24，然而，没有必要将子网掩码限制在这些数值上。例如，AWS云服务使用的IPv4子网掩码包括/17、/23和/26。

2.6.1 搭建结构化网络

Structuring Your Network

搭建结构化网络的原因之一是可以提高性能，使用前面所说的子网可以达到这一目的。另一个原因是可以为网络提供保护并简化逻辑，从而提高网络的可管理性。在这种情况下，结构化机制指的是专用计算机，它们位于消息进入企业网络的路径上，甚至可能位于消息离开企业网络的路径上。这些专用守卫计算机有各种各样的名字——防火墙、网络地址转换器（NAT）、代理服务器等，但它们的作用都是监视和控制进入和离开本地网络的网络流量。本章前面已经提到其中的一些，现在将更详细地介绍它们。

理论上，网络上的每个设备都可以有一个静态的公有IP地址，在互联网DNS中注册，并可以直接从互联网上访问。在实践中，出于安全和隐私的考虑，你的企业希望限制对部分或全部设备的访问。

从本地网络外部发送消息给网络内部的设备，会通过一个检查守卫。基本的检查守卫称为**防火墙**，它通常是网络边缘路由器的一部分。防火墙的默认行为是阻止消息进入网络。要允许某些消息进入网络，必须配置防火墙的规则来打洞。最基本的配置需要用到消息发送方的IP地址和消息接收方的IP地址及端口。配置规则可以使用源黑名单（接收除来自列表地址外的所有消息）或源白名单（拒绝除来自列表地址外的所有消息）。

这些规则不一定是静态的。例如，一个设备可能因为它穿过防火墙发送了很多消息而被列入临时黑名单。这种情况下，源设备可能被标记为"疑似为分布式拒绝服务攻击的一部分"，然后被封锁一段时间。

更复杂的防火墙在检测数据内容时，使用的是全状态数据包检测（SPI）等技术，以检查已知的恶意软件类型和攻击模式。因为数据部分可能是加密的，所以对消息内容的检查是有限的。这种情况下，可将防火墙配置为接收（或拒绝）此类消息。

各个企业经常将其网络划分成几个区域。最简单的划分由一个可以从互联网上进入的公共可见部分和一个访问受限的私有部分（内网）组成。如图2.5所示，公共部分是企业面向外部的Web服务器或API服务器所在的地方。当你访问企业的网页时，它是由面向公众的Web服务器提供服务。这种类型的结构通常称为隔离区（DMZ）或边界网络，并由区域两边的防火墙来界定。公共区域面向互联网的防火墙的规则一般比较宽松，使得面向公众的资源得到广泛访问；但会使用白名单来限制只有内部网络地址可以访问用于管理和监控的服务器端口。内部网络区域防火墙的规则限制性很强，只将公共区域某些服务器的地址列入白名单，只允许白名单上的地址访问非常有限的内部网络资源。

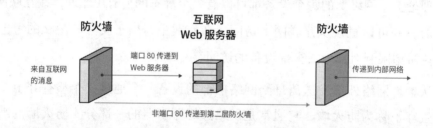

图2.5 用于创建DMZ的防火墙

出于安全和企业政策的原因，内部网络内各子网之间也可以使用防火墙。有时，政策法规要求企业的一部分不能与企业的另一部分共享信息。用防火墙分隔这些组，就可以监控不同组的成员之间的网络通信，既可以防止其他人看到他们之间的信息，又可以在发生违规行为时进行取证。

防火墙还可以限制某些类型故障的可见性。假设你所在本地网络上的一个设备出现异常，以不受控制的方式发出消息。如果该设备位于被防火墙隔离的内部网络，那么它造成的损害就会被控制在一个相对较小的范围内。对于在内部网络中运行集成和准生产环境的企业来说，这些环境通常由防火墙隔离开，这样被测试软件的行为就不会影响到企业网络的其他部分（我们在第8章"部署流水线"中对环境进行了详细讨论）。

企业也可能希望对外部互联网隐藏其单台设备的IP地址和网络拓扑，这就是网络地址转换（NAT）设备的作用。与防火墙设备一样，NAT设备通常是路由器的一部分。回想一下，一个TCP报头包括发送方的IP地址和端口号。当一个网络内的设备向互联网上的服务发送消息时，会在这些字段中填写其私有IP地址和端口号。当消息离开网络时，NAT设备会使用NAT设备的公有IP地址和独有端口号替换源地址与端口号。独有端口号将来自互联网的返回消息（如TCP ACK）引导到正确的内部网络设备。记得我们在讨论IP时曾说过，在消息传输过程中，源地址或目的地址可能被修改。这就是修改的一个例子。

使用NAT的网络无法支持某些类型的协议。例如，在很多视频会议协议中，视频通话的每一方都试图与通话的另一方建立直接连接，以此来控制通话并传送视频流。如果呼叫的任意一方在NAT设备后面，则无法从本地网络外直接到达该设备。这就产生了NAT穿越协议，双方都将自己的流推送到一个公共可达的服务上，各自从该服务上拉取另一方的流，这样每一方都只从自己的网络连接出来。

与需要精心配置的防火墙相比，NAT设备操作简单，一般不需要配置。

由图2.1所示的网络模型可以看到，防火墙设备主要在网络层运行，对传输层有一定的影响，NAT设备主要在传输层运行。还有一种类型的网关设备，它主要在应用层运行，提供一些与防火墙及NAT设备类似的功能。这种设备通常称为应用代理服务器，其中最常见的是HTTP代理。所有对本地网络外服务的HTTP请求都会发送到HTTP代理服务器，例如，从Web浏览器发出的请求、对服务API的请求等。代理服务器就像防火墙一样，可以使用黑名单和白名单进行配置，根据目的地过滤请求。HTTP代理服务器可以执行NAT功能，代理服务器还可以修改HTTP协议头部中的参数来提高隐私性。

代理服务器与防火墙是分开配置的，因此可能存在配置冲突。例如，防火墙可能允许将消息发送到受代理服务器限制的目标IP地址，或者代理服务器可能允许发送被传出防火墙阻止的消息。

隧道是一种穿过防火墙传递消息而不被拒绝的技术。

2.6.2 隧道

Tunneling

你可能听说并使用过VPN（Virtual Private Network，虚拟专用网络）。VPN允许你从公共互联网访问企业的私有网络。VPN的工作原理就是使用隧道协议。隧道这一术语是基于这样的事实：数据包通过网络上的隧道被保护并与其他互联网流量隔离，就像隧道隔离和保护车辆，使其免受海水侵蚀一样。

隧道利用了图2.5所示的DMZ防火墙。DMZ内部不仅有企业的Web服务器，还有一个隧道服务器。虽然也存在其他隧道协议，但为了具体化，下面将针对VPN进行讨论。

VPN的运行顺序如下。

• 假设你正在使用一个移动设备上网。

• 你通过互联网访问VPN服务器，并输入你的凭证。

• 这些凭证可以由VPN服务器自己验证，也可以通过VPN服务器访问内网的服务来验证。

- 在验证了你的凭证后，将在你设备上的软件和企业内的软件之间启动VPN隧道协议。该协议将对包括IP报头在内的整个消息进行加密，并放入TCP消息的数据部分。这个TCP消息通过VPN连接、防火墙传递。

- VPN服务器会删除TCP数据部分并解密你的消息（包括你创建的IP报头），然后将消息发送到防火墙后面的企业内部网络上。如果你的目标IP地址是企业内部网络上的设备，则消息会通过企业的内部网络传送。如果你的目标IP地址在企业之外，则消息将通过企业的NAT和防火墙发送到互联网上，从而保证监控和安全性。

不同的隧道协议，拥有不同的安全等级。有些协议需要数据部分加密，有些协议使用TLS（传输层安全协议）。我们将在第5章"基础设施的安全性"中讨论加密和TLS中使用的握手。目前，你只需要知道，如果允许VPN访问到你的网络，安全是最重要的一个问题。

2.7 虚拟机和容器网络
Networking with Virtual Machines and Containers

我们对网络的讨论是在物理设备之间的物理网络连接的背景下进行的。在第1章"虚拟化"中，我们了解到虚拟机管理程序的一个功能是在多个虚拟机之间共享一个物理网络连接。有两种方式可以实现这一功能，分别为**桥接**和**NAT**。无论采用哪种方式，虚拟机管理程序都会在物理机内创建一个小型网络，这个网络只存在于软件中。

NAT将一个IP地址映射成另一个IP地址。通常情况下，一组虚拟机共用一个公有IP地址，NAT从虚拟机接收一个外发消息，以改变其源IP地址，从而使返回的消息能回到NAT。当返回的消息到达时，目的IP地址会被NAT修改为始发虚拟机的IP地址。从NAT的外部看来，网络似乎只有一个IP地址。

桥接组网将两个本地网络连接起来，让它们从外部看起来是一个网络。每个虚拟机将获取其IP地址，这个地址可以从组网外部访问。这些IP地址可以是公有的，也可以是私有的，但管理私有IP地址的网关设在桥接组网之外。

Type 1或裸机虚拟机管理程序（参见第1章"虚拟化"）通常使用桥接组网。从网络层（IP）的角度来看，似乎每个虚拟机都在外部本地网络上。当一个虚拟机启动时，它使用DHCP来获取IP地址和网络配置。DHCP请求被发送到外部本地网络上，该网络上的DHCP服务器提供IP地址和网络配置。IP地址可以是私有的，也可以是公有的，这取决于DHCP服务器的配置。每个虚拟机可以直接从外部本地网络访问，所以它可以向该网络上的客户端提供服务。来自本地网络的消息会通过虚拟机管理程序上的网桥传送到相应的虚拟机。

Type 2或托管型虚拟机管理程序通常使用NAT组网，因为主机除管理虚拟机外，还要管理一些服务。在这种配置中，虚拟机管理程序会创建一个IP子网。这个子网只存在于主机内，每个虚拟机都会连接到这个子网。虚拟机管理程序提供DHCP服务器，这样，当虚拟机启动并请求IP地址和网络配置时，它就会收到包括一个私有、动态IP地址在内的参数，用来连接到子网。子网间的消息传递必须通过路由器，所以，从虚拟机子网到与外部本地网络的物理设备连接，虚拟机管理程序在其间提供了路由服务。最后，由于虚拟机子网IP地址是私有的，所以虚拟机管理程序为所有发送到外部网络的消息提供了NAT服务。

我们在第1章"虚拟化"中提到的托管型虚拟机管理程序的一个用例是，允许用户在一台工作站计算机上运行不同的操作系统。这些计算机通常连接到采取了诸如网络准入控制等安全措施的企业网络，在这种网络下，DHCP服务器一般会被配置为忽略来自未知计算机的请求。抑或计算机是通过VPN接入企业网络中的。无论是以上哪种情况，桥接配置都将无法实现。要么DHCP服务器无法将新的虚拟机识别为已知计算机，要么每个虚拟机都需要自己的VPN凭证。在这种情形下，使用NAT组网可以让每个虚拟机在外部网络中（或多或少）看起来只是在用户工作站上运行的另一个程序。

容器引擎提供的网络服务与虚拟机管理程序提供的服务类似，然而，两种配置方法的叫法可能会造成混淆。

Docker等容器引擎提供了网桥，使得每个容器能公开其端口，并将其映射到主机网络接口上的端口。只有建立了明确映射关系的容器端口，才能从外部本地网络使用主机的IP地址和容器端口映射后的端口进行访问，这一点与防火墙类似。

Docker桥接组网还在主机内创建了一个子网，每个容器在这个子网上都有一个私有IP地址，可以直接通过该桥接子网与主机上的其他容器通信。事实上，你可以创建多个桥接子网，并将容器分配到这些子网中，这样可以使一组容器与同一主机上的另一组容器相互隔离。这看起来有点像虚拟机管理程序上的NAT组网。正如我们所说，这些叫法可能会让人困惑。

由于容器共享同一个操作系统，因此容器网络的功能比虚拟机管理程序网络的功能更为有限。举一个例子，如果你有两个Web服务器，分别运行在裸机虚拟机管理程序的不同虚拟机中，那么每个虚拟机都会有自己的IP地址。Web服务器通常在80端口上运行HTTP协议，由于每个Web服务器在本地网络上以其IP地址作为独特标识，因此不存在冲突，客户端可以通过一般的HTTP端口号访问这两个服务器。但是，如果你想在同一个主机的不同容器中运行这两个Web服务器，那么这两个容器在本地网络中使用的都是主机的IP地址，只有其中一个容器可以将其Web服务器映射到主机的80端口。你可以将另一个容器映射到8080端口（向IANA注册，作为HTTP 80端口的替代端口），但是，如果这样的话，客户端就要修改为使用这个端口。如果你有两个以上的Web服务器呢？也有一些解决方法：可以添加第三个容器，运行HTTP转发代理，并将该容器映射到主机的80端口。根据HTTP请求，代理容器会将请求通过主机内部的桥接子网转发到两个原始的Web服务器之一。这就变得很复杂，也说明没有一种基础架构技术适合解决所有的问题。

2.8 总结

Summary

网络是现代计算环境的支柱之一。互联网上的设备都有IP地址，通常使用IP和TCP协议编码的消息通过网络进行通信。

IP地址较为烦琐，而且可能会变化，所以我们通常使用主机名来标记远程资源。DNS用来将主机名转换为IP地址。DNS从右到左解析主机名：域名最右边部分由区域机构控制，最左边部分由ISP和大型企业控制。DNS还可以实现负载均衡，将请求分散到提供相同服务的不同设备上。

IP地址能够对应到一个设备，但无法对应到一个服务，这就需要端口。一条消息首先发送到设备，然后发送到被服务侦听的端口。TCP协议用于对发送到服务的消息进行编码。

子网用于分割企业控制的IP地址，是具有相同前缀的IP地址的集合。子网的目的是为系统管理员提供一种组织机制，并减少本地网络的拥堵。

防火墙是一种用于保护企业的本地网络免受互联网入侵的机制。防火墙的一个作用是为外网可访问的服务器建立DMZ（隔离区）。DMZ将企业的设备和网络分隔成一个向互联网开放的受控区域和一个私有区域。

防火墙结合隧道协议，可以创建一个能远程访问企业内部网络的VPN。

2.9 练习
Exercises

1. 使用第1章"虚拟化"中的方式创建一个虚拟机，并显示其IP地址。按照公共/私有/保留地址的标准对不同的地址进行分类。

2. 创建两个虚拟机，并从一个虚拟机ping另一个虚拟机。

3. 创建两个容器，并从一个容器ping另一个容器。

4. 查看一个发送到你的计算机上的数据包，对其IP报头和TCP报头中的字段进行解码。有很多工具可以实现这个功能，例如TCPdump和Wireshark。

2.10 讨论
Discussion

1. 画出ICANN的组织结构图，并注明各部门的职责。

2. 本章我们没有讨论互联网的硬件拓扑结构。查看主要的电缆（https://www.submarinecablemap.com/），找出你所在地区电缆的所有者。有没有意外？

3. 查看你所在部门的网络架构有多少防火墙？有没有DMZ？能否用VPN接入本地网络？

4. 你从NAT设备后面向互联网发送一条消息，NAT设备会用自己的地址替换源IP地址。这就意味着，响应将转到NAT设备，而不是发送给你。NAT设备是如何正确地将消息转发给你，而不是转发给内部网络中的其他设备的？

5. 因为多了一个NAT及路由器，NAT组网相对于桥接组网来说比较复杂，且效率较低。为什么还要使用NAT组网？

6. 为什么即使一个动态IP地址是公有的，ISP用户依然难以将服务公之于众？什么是动态DNS？它是如何解决这一问题的？

第3章 云

The Cloud

虚拟化和网络是20世纪的发明。现在我们来讨论21世纪的云。

本章结束时，你将学会：

- 云如何根据明确的请求和不断变化的负载来分配虚拟机；

- 为什么要关注服务的可用性；

- 消息如何被传递到虚拟机实例；

- 如何协调虚拟机来共享数据；

- 保存状态的位置将如何影响计算。

我们首先从云的结构开始介绍。

3.1 结构

Structure

我们用"云"来泛指计算能力。比如你可能会说："我所有的照片都备份到云端了。"这种情况下，"云"的意思是指"在可以通过互联网来访问的别人的计算机上"。这种用法展示了被广泛使用的"云"这一术语的几个特点。

- 你只需要为你所使用的资源付费。

- 存储服务是有**弹性**的，这意味着它可以随着需求的变化而增长或者收缩。

- 对云的使用是可以自**初始化**的：创建一个账户后，可以立即开始使用它来存储你的照片。

云所提供的计算能力包括从应用（如照片存储）到通过API提供的细粒度服务（如文本翻译、货币转换等），再到底层的基础设施服务（如处理器、网络和在第1章"虚拟化"中讨论过的存储虚拟化）。本章将重点介绍如何使用云端的基础设施服务来开发更高级别的服务，同时也将讨论云如何提供和管理虚拟机。

公有云由云服务供应商拥有和提供。这些企业向任何同意服务条款并能为使用服务付费的用户提供基础设施服务。一般来说，你在这个基础设施上构建的服务是可以在公共互联网上访问的，同时也可以使用我们在第2章"网络"中讨论的防火墙等机制来限制服务的可见性和访问条件。对于企业来说，也可以选择使用私有云。顾名思义，相对于面向大众的公有云，**私有云**则是为一个企业或组织单独使用而构建的，仅供该企业或组织的成员使用，这也有基于管理、安全和成本等方面的考虑。这种情况下，云基础设施和在其上开发的服务只在该企业的网络内可见和访问。混合云则是由多种云系统组成云计算方案，它可以实现公有云和私有云系统相对独立的运行，让企业在使用公有云的同时，也能通过私有云确保机密消息受到更严格的控制和审查。混合云也可以作为从私有云迁移到公有云过程中使用的过渡方案。

从服务开发者的角度来看，私有云和公有云的区别不大，所以我们将重点讨论公有云中的基础设施即服务（IaaS）。

一个典型的公有云数据中心能容纳近100000台物理设备。制约数据中心规模化的主要因素在于电力消耗和设备产热：如何将电力接入建筑物并合理分配到设备上，以及如何解决设备的散热问题。图3.1是一个典型的云数据中心的机架。一个机架由25台以上的计算机组成（每台计算机有多个CPU），具体取决于该云数据中心可用的电源和冷却系统。数据中心就是由一排排这样的机架组成的，机架之间用高速网络交换机连接。在第2章"网络"中讨论过，当消息源和目的地"很近"时，比如在同一个机架上，消息的延迟是纳秒级的。另一方面，从欧洲发送一条消息到美国加州大约需要150毫秒[10]。这些延迟可能会制约你在不同的设备上协调行动，我们将在本章稍后讨论。

---

[10] 电信号以接近光速的速度传输，这造成每英尺 1 纳秒的延迟。传输过程中的路由器、防火墙等计算设备还会带来额外的延迟。

图3.1 一个云数据中心的机架[11]

当访问公有云的时候，你所访问的是分散在全球各地的数据中心。云供应商通常会根据逻辑和物理位置将其数据中心组织成不同的云区域。由于你开发和部署到云端的服务需要通过互联网访问，所以云区域的划分可以确保服务在物理意义上更接近用户，以减少访问服务的网络延迟。另外，一些法律法规

---

[11] By Jfreyre-Own work, CC BY-SA 3.0,https://commons.wikimedia.org/w/index.php?curid= 2817411。

（如我们将在第11章"安全开发"中讨论的《通用数据保护条例》（General Data Protection Regulation，GDPR））会限制某些类型的数据跨国界传输，云区域可以帮助你遵守这些法规。一个云区域中会有多个数据中心，这些数据中心在物理上分布在不同的电源和互联网连接上。一个区域内的数据中心再被划分为不同的可用区，这样两个不同的可用区内的所有数据中心同时发生故障的概率就很低了。选择服务运行的云区域是一项重要的设计决策。当你在申请一个新的虚拟机时，可以选择虚拟机运行的云区域。可用区的选择通常是自动的，但也可以自己指定可用区，我们将在第10章"灾难恢复"讨论可用性和业务连续性时看到这一点。

所有对公有云的访问都是通过互联网进行的。进入云的主要网关有两个，即管理网关和消息网关，图3.2显示了这两个网关。消息网关是一个路由器，我们在第2章"网络"中已经讨论过，所以这里我们重点讨论管理网关。

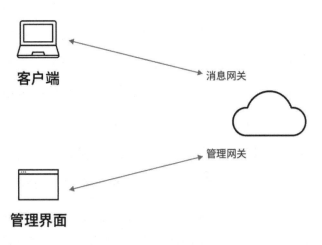

图3.2 进入公有云的两个网关

当你希望在云端申请一个虚拟机的时候，首先需要向管理网关请求一个新的虚拟机实例。该请求需要包含很多参数，其中有三个参数是必要的：新实例运行的云区域、实例类型（如CPU和内存大小）及虚拟机镜像的ID。管理网关负责数以万计的物理计算机，每台物理计算机都有一个虚拟机管理程序来管理其上的虚拟机。因此，管理网关会询问每个虚拟机管理程序是否可以管理一个新增的所选类型虚拟机，其物理计算机上是否有足够未分配的物理CPU和内存容量来满足你的需求？然后管理网关会选择其中一个答复肯定的虚拟机管理程序，要求它创建一个新虚拟机，并返回新虚拟机的IP地址到管理网关。管理网关会将该IP地址返回给你。值得一提的是，云供应商会确保其数据中心中始终有足够的物理硬件可用，所以你的请求不会因物理资源不足而失败。

管理网关不仅会返回新分配虚拟机的IP地址，同时也会返回一个主机名。我们在第2章"网络"讨论过主机名的结构，主机名中最左边的字段是由本地企业控制的。分配虚拟机后返回的主机名代表该IP地址已被添加到云DNS系统中了。

这里有几点需要注意。

- 上文是关于如何分配新虚拟机的简化概念的描述。管理网关和各个虚拟机管理程序之间的实际交互比描述的要复杂得多。例如，管理网关实际上并不是每次分配新的虚拟机时都会轮询所有虚拟机管理程序的可用容量。但是这种简化的描述足以帮助我们理解管理网关的功能。

- 用于创建新虚拟机实例的虚拟机镜像可以是任何虚拟机镜像。它可以是一个简单的服务，也可以是创建复杂系统部署过程中的一步。

- 虚拟机管理程序不会为新的虚拟机实例生成IP地址，而是向云端的IP地址管理器请求可用的IP地址。IP地址管理器是云提供的许多基础设施服务之一，这类服务对你正在开发的服务是隐形的，之后我们也会看到类似的服务。

管理网关除了分配新的虚拟机外，还能执行其他功能，比如销毁虚拟机、收集虚拟机计费信息、提供对虚拟机的监控功能等。访问管理网关要通过向其API发送互联网消息。这些消息可以来自其他服务，如部署服务，也可以来自计算机上的命令行程序（允许你轻松编写操作脚本）。管理网关也可以通过云服务提供商运营的基于Web的应用程序进行访问，但这种交互式界面对复杂一些的操作是低效的。

你可以使用管理网关分配虚拟机，通过管理网关分配容器也是有可能的，但其底层任务和交互与分配虚拟机的需求完全不同，我们将在第4章"容器管理"中讨论容器分配。

管理网关还可以让你管理将虚拟机连接起来的虚拟网络。不同公有云供应商的网络虚拟化术语和功能有一定的差异，但大多数公有云供应商都有虚拟私有云（VPC）的概念。顾名思义，虚拟私有云是指在云端与其他虚拟私有云隔离开的虚拟机集合。虚拟私有云就像一个私有网络。在虚拟私有云中创建的虚拟机会被分配私有IP地址，除非特别为虚拟机申请一个公有IP地址，否则该虚拟机无法从虚拟私有云之外访问。你可以像我们在第2章"网络"中所说的那样，在虚拟私有云内创建子网，并在子网之间设置防火墙，以实现DMZ拓扑结构。当创建虚拟私有云时，可以设置用户在其中创建虚拟机的权限。这对于保护虚拟私有云中运行的服务是非常重要的，可以帮助企业在云端明确责任以及分配预算。例如，企业希望将应用组用于开发的资源与财务组用于管理账单和工资的系统分开，可以为每个组单独创建虚拟私有云。设置访问控制，可以确保只有相应组的成员才能执行在每个虚拟私有云中产生费用的操作。云供应商的功能（如计费标签）是让企业可以将每个虚拟私有云的实际资源成本分开，这也是企业可以采取的一种控制手段，用于限制大多数公有云供应商提供的无限制、自初始化资源的功能。

3.2 云故障

Failure in the Cloud

当一个数据中心有100000台以上的物理计算机时，日常就可能有一台或多台计算机出现故障。根据亚马逊的报告，在一个拥有64000台计算机的数据中心，每台计算机配有两个旋转磁盘驱动器的情况下，每天大约有5台计算机和17个硬盘发生故障[12]。谷歌报告了类似的统计数据[13]。除了计算机和硬盘，网络交换机也时常出现故障。更极端的情况下，当数据中心过热时，所有的设备都会出现故障。因此，虽然云供应商的整体不可用时间相对较短，但运行的虚拟机的物理计算机是有一定概率出现故障的。如果可用性对服务很重要，则需要仔细考虑希望达到什么样的可用性水平，以及如何实现它。下面我们将讨论提高可用性的一种方法——负载均衡器，讨论微服务时，我们还会看到其他方法。

在一个分布式系统中，服务器超时是检测故障的一种手段，然而，这种检测手段有两个局限。

（1）你无法区分超时是由于计算机故障引起的，还是由于网络连接中断、消息回复速度慢造成的。这导致一些响应慢的问题被标记为故障。

（2）超时并不能告诉你故障或响应缓慢发生的位置。很多时候，一个服务的请求会触发该服务对其他服务的请求，从而产生更多的请求。尽管此链中每个响应的延迟都接近预期的平均响应时间，但当所有延迟叠加在一起时，有些响应可能就会偏慢甚至非常慢了。

---

[12] https://www.slideshare.net/AmazonWebServices/cpn208-failuresatscale-aws-reinvent-2012。

[13] https://static.googleusercontent.com/media/research.google.com/en//people/jeff/stanford-295-talk.pdf。

无论超时的原因是真正的故障还是响应速度慢，对于原始请求的响应都可能表现出所谓的长尾延迟。图3.3所示的是Amazon Web Services（AWS）上1000个启动实例请求的长尾分布图。需要注意的是，某些请求需要很长时间才能响应，所以在评估诸如此类的测量结果时，我们需要认真考虑使用哪个统计量来描述数据集的特征。在本例中，数据分布图的峰值为22秒，但延迟平均数为28秒，延迟中位数（半数请求的延迟小于此值）为23秒。值得注意的是，即使经过了57秒的等待时间，仍有5%的请求未完成（即95%位数为57秒）。因此，尽管每个云服务请求的平均延迟在可容忍的范围内，但仍有部分请求比平均延迟长2倍，甚至平均延迟长5到10倍的情况。这些都是数据分布图右侧的长尾测量值。长尾延迟是服务请求路径中某处拥塞或故障的结果。造成拥塞的原因有很多，如服务器队列、虚拟机管理程序调度等，但是作为服务开发者，拥塞是你无法控制的。所以在开发中需要将长尾延迟的可能性考虑进去，我们将在讨论监控和微服务时重拾这个话题。

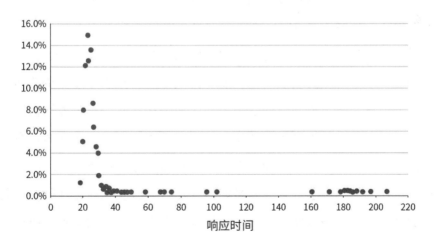

图3.3 AWS上1000个启动实例请求的长尾分布

3.3 扩展服务容量及可用性
Scaling Service Capacity and Availability

当服务收到的请求数超出在所设定延迟时间内处理请求的上限时，该服务就会过载。这可能是由于I/O带宽、CPU周期、内存或其他资源不足导致的。在第1章"虚拟化"中，我们讨论了虚拟机实例类型，这些类型决定了虚拟机实例的资源限制。一般情况下，我们通过在能提供更多资源的虚拟机实例类型中运行服务来解决服务过载的问题。这种方法简单直接，不需要改变服务的设计，只需要在一个更大的虚拟机上运行它。这种方法称为**垂直扩容**（vertical scaling）或**向上扩容**（scaling up）。

通过垂直扩容所能实现的目标是有限的，可能没有足够大的实例类型来支撑你的工作负载。在这种情况下，**水平扩容**（horizontal scaling）即**向外扩容**（scaling out）可以提供所需类型的更多资源。水平扩容可以为一个服务设置多个副本，并使用负载均衡器在它们之间分发请求。我们之前已经介绍过一个负载均衡的例子：使用循环DNS将请求分发到一个计算机列表而不是单台计算机上。但是，使用DNS进行负载均衡有很大的局限性，因为负载均衡并不是DNS的主要功能，一个独立的负载均衡器能够提供更多的控制功能。负载均衡器可以是独立的系统，也可以和代理之类的功能捆绑在一起。对负载均衡器效率要求非常高，因为从客户端到服务的每一条消息的路径中都需要它的存在，即使它与其他功能捆绑在一起，在逻辑上它也是隔离的。我们将负载均衡器分为两个部分讨论：一是讨论负载均衡器是如何工作的，以及如何设计位于负载均衡器后面的服务来管理服务状态；二是讨论健康管理及负载均衡器如何提高可用性。

3.3.1 负载均衡器是如何工作的
How Load Balancers Work

负载均衡器解决了以下问题：当虚拟机运行一个服务的单一实例，且到达此实例的请求太多时，响应延迟会上升到一个不可接受的水平。这个问题可以通过创建数个服务实例，并在其间分配请求的方式解决。这种分发机制是一个单独的服务，托管在一个单独的设备即负载均衡器上，图3.4展示了负载均衡器如何在两个实例之间分发请求。

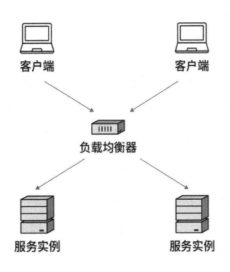

图3.4　负载均衡器在两个实例之间分发来自两个客户端的请求

另外，关于"过多的请求"和"合理的响应时间"的值该如何设定的问题，我们将在本章后面讨论。眼下我们只需专注于负载均衡器是如何工作的。

图3.4展示了两个客户端发出请求并得到响应的过程，所有请求先被发送到负载均衡器。负载均衡器管理着同一服务的两个实例，它们都是从同一个虚拟

机镜像启动的，并执行相同的功能。负载均衡器将请求1发送到实例1，将请求2发送到实例2，请求3再发送到实例1，以此类推。每个实例都会收到一半的请求，从而平衡了两个实例之间的负载。因此得名"负载均衡器"。

也可以从IP地址的角度来看负载均衡器。负载均衡器的IP地址为IP_{lb}，服务实例1的IP地址为IP_{a1}，服务实例2的IP地址为IP_{a2}。客户端向IP_{lb}（负载均衡器）发送消息，负载均衡器将IP报头中的目的地部分替换为IP_{a1}或IP_{a2}，并将消息发送到网络。

因为消息的源字段没有变化，所以不管是服务实例1还是服务实例2，都能直接响应发送消息的客户端。

关于这个负载均衡器的简单例子，请注意以下几点。

• 　在两个实例之间交替发送消息的算法称为"轮询调度（round robin）算法"。只有当响应每个请求所消耗的资源大致相同时，这种算法才会在服务实例之间均匀地平衡负载。对于响应请求所消耗的资源不同的情况，也存在其他分发消息的算法。

• 　从客户端的角度来看，服务的IP地址就是负载均衡器的地址，这个地址可以与DNS主机名相关联。客户端不知道也不需要知道该服务有多少个实例以及这些服务实例的IP地址。

• 　多个客户端可以共存。每个客户端都将自己的消息发送给负载均衡器，但负载均衡器在分发消息时并不关心消息的来源，即到即发（有一个概念叫"黏滞会话"或"会话保持"，我们暂时忽略）。

• 　负载均衡器也可能会过载。这种情况下，解决方案是平衡负载均衡器的负载，有时也被称为全局负载均衡。也就是说，一条消息在到达服务实例之前，要经过不同层级的负载均衡器。

- 负载均衡器必须知道属于它的服务实例有哪些，也就是说，它要一个接口来接收其分发请求的服务实例IP地址。实例可以是静态分配的，并在系统初始化时配置好负载均衡器，也可以是动态添加的，比如下面将要讨论的弹性伸缩添加实例。

3.3.2 检测和管理服务实例故障

Detecting and Managing Service Instance Failures

到目前为止，我们对负载均衡器的讨论主要集中在扩容规模上。接下来，我们将讨论负载均衡器如何提高服务的可用性。

图3.4显示了客户端发送至负载均衡器的消息，但没有显示返回消息。返回消息直接由服务实例发回到客户端（由IP报头中的"from"字段决定），绕过了负载均衡器。这意味着负载均衡器无法获知消息是否被服务实例处理过，以及消息的处理时间。更具体地说，负载均衡器甚至不知道服务实例是否还在线、是否在处理、是否有故障。

健康检查是一种帮助负载均衡器判断实例是否正常运行的机制。负载均衡器会定期检查属于其实例的健康状况。如果实例对健康检查没有响应，它就会被标记为不健康，负载均衡器会停止向它发送任何消息。健康检查的方式可以由负载均衡器来ping实例，通过TCP连接到实例，甚至可以尝试发送需要处理的消息。在后一种情况下，接收返回消息的是负载均衡器。

实例的状态是可以改变的，从健康到不健康，然后回到健康。例如，如果当前实例的队列过载，它就不会响应负载均衡器的健康检查，但一旦队列处理完，它就可以重新响应。因此，负载均衡器在多次检查后才会将一个实例转移到不健康列表，然后再定期检查不健康列表，看看该实例是否再次响应。当然，不健康的实例也存在硬故障或崩溃的可能，在这种情况下，可以重启故障的实例并在负载均衡器上重新注册，也可以启动一个新的替换实例并在负载均衡器上注册，以维护整体服务交付能力。

小提示：超时

我们使用超时（判断响应时间是否过长）来检测故障。超时无法帮助我们确定引起故障的原因是请求服务的软件故障、运行服务的虚拟机或物理机故障，还是服务的网络连接故障。大多数情况下，故障原因并不重要，重要的是你发出了一个请求，抑或是你在期待一个周期性的心跳消息，但没有收到及时响应，这就代表着你需要采取适当的措施了。

这看起来很简单，但是做起来却很复杂。通常情况下，恢复操作是有代价的，比如时间延迟。新启动的虚拟机可能需要几分钟才能开始接受新的请求。你也可能需要与另一个服务实例建立新会话，这或许会影响系统的可用性。如上所统计的，云系统的响应时间可能会存在相当大的差异。如果匆匆忙忙地得出故障结论，而这其实只是一次性的延迟，那么你就会付出不必要的代价。

分布式系统设计师通常会将超时检测机制参数化，从而可以针对特定的系统或基础设施进行调整。其中一个参数是超时间隔，即判定响应失败之前的等待时间。大多数系统在错过一次响应后不会触发故障恢复。比较常用的方法是在较长的时间间隔内统计遗漏响应数。遗漏响应数是超时机制的第二个参数。例如，我们可以将超时时间设置为200毫秒，如果在1秒的时间间隔内有三条未响应的消息，就会触发故障恢复。

对于运行在单个数据中心的系统，由于网络延迟小，丢失响应更倾向于是因为软件崩溃或硬件故障，我们在设置超时和阈值时可以更加激进一些。相反，如果系统是在广域网、蜂窝无线网络，甚至卫星链路上运行的，则需要更谨慎地设置参数，因为这些系统可能会经历间歇但较长的网络延迟，因此你可以适当放宽参数来避免触发不必要的恢复操作。

具有健康检查功能的负载均衡器通过向客户端隐藏服务实例的故障来提高

可用性，服务实例池的大小可以调整为能够容忍一定数量的实例同时发生故障而不影响整体的服务能力，以便在所需的延迟内处理大量的客户端请求。然而，即便使用健康检查，有些时候服务实例也有可能开始处理客户端请求，但从未返回响应。因此，客户端的设计必须考虑到在没有收到及时响应的情况下重新发送请求，从而让负载均衡器能将请求分发到不同的服务实例。

幂等处理是一种允许同一请求被多次处理的技术。术语幂等（idempotent）意味着重复调用一个服务将产生相同的响应，就像数学上的乘以1或者对相同值多次调用正弦函数一样。如果服务是幂等的，即使检测到疑似故障并进行了重试，也不会造成伤害，因为每次调用都会产生相同的结果。

上文讨论的负载均衡器采用的是推送的方式。负载均衡器将消息推送（发送）到其服务实例池中的一个服务实例上。还有一种方式是使用称为消息队列的基础设施服务。与推送方式相比，这种方式可以保证每个消息都会被一个服务实例接收和处理。来自客户端的请求会被放入消息队列中。当服务实例准备好处理请求时，它会从队列中提取一个请求，消息队列会对其他服务实例隐藏该请求。在服务实例完成消息处理并将响应发送回客户端后，它会要求从消息队列中删除该请求。如果实例在一个时间间隔内没有要求删除该请求，消息队列就会让该请求再次对其他服务实例可见，而实例的下一次提取将返回该请求。有可能第一个实例已经处理了该请求，但是速度很慢，导致该请求被处理了两次。消息队列能确保至少有一次消息传递是成功的，毕竟数学上已经证明了一次到位的传递是不可能的[14]。这也使得采用消息队列的系统必须是**幂等**的。此外，

---

[14] 在软件开发领域，很少有什么事情是完全不可能实现的，这就是其中之一。我们在本书后面还会看到一些例子。

我们通常所说的队列是一种先进先出的线性表，但要使用消息队列服务的隐藏被取出的消息这一功能，意味着服务实例的设计不能依赖客户端请求按先进先出的顺序出现。例如，如果一个服务实例在处理客户端的第一个请求的过程中发生故障，则会触发重试，另一个服务实例在处理完客户端后面的请求后，才会再次处理第一个请求。

到目前为止，我们已经看到了使用负载均衡器的三个设计影响。

（1）客户端必须使用超时来判断服务是否出现故障，并在确定服务故障之前需要多次重试该请求。

（2）客户端或服务的设计必须能够接受对同一请求的多次响应。要做到这一点，要么使请求成为幂等的，要么使客户端在请求被处理多次时仍能正确地响应。

（3）如果使用消息队列来分发请求到不同的服务实例，那么服务实例必须与消息队列系统正确交互，以从队列中接收消息，并在消息被处理后要求队列删除消息。

3.3.3 状态管理

State Management

现在让我们将视角转向一个服务开发者可以控制的主题。本来该主题应当属于本书的第二部分，但是，因为稍后讨论到的那些话题是建立在了解有状态与无状态区别的基础上的，所以我们决定现在就讨论状态。

状态是指服务内部的信息，该信息会影响对客户端请求响应的计算。更准确地说，状态指的是储存状态的变量或数据结构的值的集合，它取决于请求该服务的历史记录。

当一个服务可以同时处理多个客户端请求时，状态管理变得非常重要，这可能是因为一个服务实例为多线程的，也可能是因为负载平衡器后面有多个服务实例，或者两者兼而有之。这里涉及的关键问题是状态存储在哪里。一般有三种选择：在每个服务实例中，在服务的客户端中，或者在服务实例的外部。举一个例子，对于一个有记录调用次数功能的服务，下面我们将展示三种不同实现方式的伪代码。当讨论状态时，为了确保不产生歧义，我们使用服务的精确定义：服务是指一个或多个服务实例的集合。客户端只看到服务，而特定的客户端请求由单个服务实例负责处理。

方法1：在服务实例中存储被调用的次数。

```
int i;                  //i是状态变量，当服务实例启动时，初始化为0
int countv1()
{
    i = i + 1;          //在i的最后一个值上加1
    return i;
}
```

方法2：服务实例中不存储被调用次数，依靠客户端提供该值。

```
int countv2(int i)
{
    int a;
    a = i + 1;          //在i的最后一个值上加1
    return a;
}
```

方法3：被调用次数是在客户端和服务实例外部存储的。注意，我们必须锁定数据库，以确保一次只能有一个服务实例可以读/写被调用次数。

```
int countv3()
{
```

```
    int a;
    a = dbase_get ("count"); //从外部数据库中获取当前值
    a = a + 1;               //在a的最后一个值上加1
    dbase_write("count",a);  //将当前值保存到数据库
    return a;
}
```

下面我们在两个不同的案例中研究这三种方法。在每个案例中，都有两个客户端向服务发送请求。

案例1：两个客户端，一个服务实例。

当使用方法1时，无论是哪个客户端来调用，服务都会将其计入被调用次数中。两个客户端都可以看到对该服务的总请求次数。

当使用方法2时，每个客户端都会记录各自所发出的调用数，每个客户端只能看到自己所发出的请求次数，看不到总请求次数。

当使用方法3时，用一个外部数据库存储服务收到的总调用次数，无论调用来自哪个客户端，被哪个服务实例处理。两个客户端都能看到对该服务的总请求次数。

案例2：两个客户端，两个服务实例。

当使用方法1时，每个服务实例都会记录自己收到的调用次数。客户端看到的调用次数取决于哪个服务实例处理它的请求。客户端永远看不到所有服务实例处理的总请求次数。

当使用方法2时，每个客户端都会记录自己发出的调用次数，无论哪个实例接收到调用。每个客户端只能看到自己发出的请求次数，而无法看到所有客户端发出的总请求次数。

当使用方法3时，外部数据库记录了服务收到的总调用次数，无论调用来自

哪个客户端，被哪个服务实例处理。所有客户端都能看到对该服务的总请求次数，它等于被所有服务实例处理过的请求次数。

那么，哪种方法是正确的呢？这取决于你的系统需求，每一种方法都会有合适的和不合适的场景。这里想强调的是，选择如何管理状态是十分重要的，因为这会直接影响结果。

下面介绍了三种不同状态的存储方案。

（1）在服务实例中维护历史记录，则该服务为"有状态"。

（2）在客户端中维护历史记录，则该服务为"无状态"。

（3）历史记录存放在外部数据库中，则该服务为"无状态"。

通常的做法是将服务设计和实现成无状态的。有状态的服务如果发生故障，就会丢失它们的历史记录，而且恢复状态是很困难的。此外，正如我们将在第3.4节中所看到的，创建一个无状态的新服务实例，可以让它处理客户端请求并发回与其他服务实例相同的响应。

在某些情况下，将服务设计为无状态可能会比较困难或者是低效的，比如我们可能希望由同一个服务实例处理来自一个客户端的一系列消息。可以通过以下方式来完成此任务：将系列中的第一个请求通过负载均衡器分发到一个服务实例，然后允许客户端直接与该服务实例建立会话，让后续请求得以绕过负载均衡器。还有一种方法是，将负载均衡器配置为视某些类型的请求为黏性请求，这会导致负载均衡器可以将来自同一客户端的后续请求发送到处理上一条消息的同一个服务实例中去。直接会话和黏性消息这两种方法仅在非常特殊的情况下使用，因为消息所粘贴到的实例可能会出现故障，也可能会过载。

通常情况下，在一个服务的所有实例之间共享信息是十分必要的。这些信息可以是如上所述的状态信息，也可以是为了确保服务实例高效协作所需的其他信息，比如服务的负载均衡器或消息队列的IP地址。我们将在第3.4节中讨论一种用于管理在服务所有实例间共享相对少量信息的解决方案。

3.4 分布式协同

Distributed Coordination

分布式网络上的设备需要在时间和数据两个维度进行协同。我们首先讨论分布式网络中的时间问题。

3.4.1 分布式系统中的时间协同

Time Coordination in a Distributed System

即便是在系统的单个设备中，如何保持准确的时间也是一个难题。硬件时钟会随着时间而漂移[15]：一个精度为1/1000000的时钟每12天会增加或减少1秒。时钟的精度主要取决于制造公差、温度和物理振动，所以好消息是，除非你的设备在汽车或飞机上跳来跳去，操作系统一般能够针对影响精度的因素进行校准，从而使你的硬件时钟足够精确，以确保在设备内进行的相对测量是准确的，即能够准确测量设备内事件的开始时间和结束时间，并计算活动的持续时间。

如果你的设备在户外，则可以通过访问来自全球定位系统（GPS）卫星的时间信号来校时。GPS时间不受温度和振动的影响，理论上可以精确到14纳秒以内，实际应用中能够精确到100纳秒以内，这已经比大多数软件所使用的时钟精确度更高了。

---

[15] 计算机的时钟通常运行偏慢，因此，所有的修正都是往前修正。如果时钟被向后设置，那么将两次看到同样的时间。这种情况会导致不好的效果，例如，重复定时事件触发器。鉴于此，你的代码永远不应该去检查是否等于一个特定时间，因为时钟重置后可能会跳过那个特定的时间点。正确的做法是检查时钟时间是否大于你的触发时间。

在两个或多个设备之间协调时间十分困难，关于这个问题的讨论很快就从工程问题（如光速）转向了形而上学。例如，我的"现在"不是你的"现在"：如果你创造了一个事件源，而我观察它，那么这个事件是什么时候发生的？是在你的参照系中还是在我的参照系中？

我们会将讨论的重点放在工程问题上：网络上两个不同设备的时钟读数将会不同，我们将讨论使设备上的时间设置同步的机制，但时间不能用来确定不同设备间的延迟。更重要的是，时间也不能用来对不同设备上发生的事件进行排序。

3.4.2 通过网络实现时间同步

Synchronizing Time Over Networks

在网络盛行后不久，人们便开始尝试在网络上同步时钟。网络时间协议（NTP）用于在局域网或广域网的设备之间进行时间同步。NTP通过在时间服务器和客户端设备之间交换消息来估计网络延迟，然后利用算法将客户端设备的时钟与时间服务器的时钟同步。NTP在局域网中的精度约为1毫秒，在公共网络中的精度约为10毫秒，在拥堵的情况下可能造成100毫秒以上的误差。

如果这些数字在你看来可以忽略不计，那么想想金融业正花费数百万美元来减少芝加哥和纽约之间的延迟[16]，因此10毫秒是否重要完全取决于使用的场景。

云服务提供商为其时间服务器提供非常精确的参考时间。例如，亚马逊和谷歌使用漂移量小到几乎无法测量的原子钟。另一种常见的方法是使用GPS时间接收器为数据中心的时间服务器提供参考。这种方法需要连接到室外天线，而在数据中心的每个设备上都安装GPS接收器是不现实的。

---

[16] https://newswire.telecomramblings.com/2010/04/network-latency-improvement-creates-one-of-the-fastest-routes-between-chicago-and-newarknew-york-city/。

在数据中心内有一个使用高质量时间基准的时间服务器，再加上性能良好的本地网络，可以让数据中心内的所有设备使用NTP以足够的精度进行同步，从而达到多种目的。但在应用层面，开发者也应该将两个不同设备时钟读数之间存在的误差考虑进去。基于这个原因，大多数分布式系统都被设计成不需要设备间的时间同步就能正常运行。你可以使用设备时间来触发周期性的操作，为日志条目打上时间戳，以及用于一些不需要与其他设备精确协调的用途。

活动发生的顺序和它们发生的时间是有区别的。如果时间是准确的，那么就可以推导出顺序，但在分布式系统中，时间并不准确，所以通常用顺序来代替。对于跨设备的关键协同，大多数分布式系统使用矢量时钟机制（并不是真正的时钟，而是计数器，它可以跟踪应用程序中通过服务传播的操作）来确定一个事件是否发生在另一个事件之前，而不是对比时间。这就保证了应用程序能够按照正确的顺序进行操作。我们在下一节讨论的大多数数据协同机制都依赖于这种操作顺序。

现在我们来谈谈在分布式系统中不依赖时间戳来保持数据一致性的问题。

3.4.3 数据

Data

莱斯利·兰波特曾经这样描述像云这样的分布式系统："在分布式系统中，一台你甚至都不知道其存在的计算机发生了故障，都可能会导致你自己的计算机无法使用。"[17]

举一个例子，考虑创建一个在分布式计算机之间共享的资源锁：有些关键资源能够被两个运行在不同物理计算机上的不同虚拟机上的服务实例访问，我

---

[17] https://www.microsoft.com/en-us/research/publication/distribution/.

们假设这个关键资源是一个数据项，例如你的银行账户余额。改变账户余额需要读取当前的余额，加上或减去交易金额，然后将新的余额写回。如果允许两个服务实例对这个数据项进行独立操作，那么就有可能出现冲突，比如两笔同时发生的存款相互覆盖。这种情况下，标准解决方案是锁定数据项：服务在获得资源锁之前不能访问你的账户余额，这样就可以避免冲突。因为服务实例1被授予了银行账户的资源锁，就可以单独进行存款，直到它让出该锁。随后，一直在等待锁的服务实例2就可以锁定银行账户，进行第二次存款操作。

当服务进程是在单台计算机上运行时，使用共享锁的解决方案很容易，请求和释放锁都是非常快且不会失败的内存访问操作。但是，在分布式系统中，这种方案存在两个问题。首先，用于获取锁的两阶段提交协议需要在网络上发送多条消息。最好情况下，这只增加了操作的延迟，但最坏情况下，任何一条消息都可能传递失败。其次，如果服务实例1在获得锁后发生故障，就会导致服务实例2无法继续进行操作。

要解决这些问题，则涉及复杂的分布式协同算法。上文中提到的莱斯利·兰波特开发了其中一个名为"Paxos"[18]的早期算法。Paxos及其他分布式协同算法依靠共识机制来使参与方即使在计算机或网络出现故障也能达成协议。这些算法设计错综复杂，而且由于编程语言和网络接口语义的细微差别，即使是实现一个已经成熟的算法也很难。所以，分布式协同是一个不建议自己解决的问题，而应该利用好现有的解决方案包。

当服务实例需要共享信息时，它们会将其存储在一个使用分布式协同机制的服务中，以确保所有服务看到相同的值。Apache Zookeeper、Consul和etcd是三

---

[18] 莱斯利·兰波特的论文通过一个关于古希腊岛屿的虚构故事来描述这个算法，这个岛屿的名字叫 Paxos，所以算法也叫这个名字。大约在同一时期，布赖恩·奥基和芭芭拉·利斯科夫另外开发并发布了一个算法，叫 Viewstamped Replication。这个算法后来被证明与 Paxos 是等价的。

个开源的分布式协同系统。下面将用Zookeeper作为例子，其他系统也是类似的。Zookeeper集群由一组Zookeeper服务组成，每个服务都托管在一组服务器上。Zookeeper集群的成员选举出一个Zookeeper服务实例作为领导者（leader），其他实例是追随者（follower）。你的服务作为一个Zookeeper客户端，连接到其中一个追随者。所有追随者都持有由Zookeeper集群维护的相同的状态信息副本，信息存储在内存中，以便快速访问。当你的服务从Zookeeper集群中读取数据时，所连接的追随者会使用其内存中的值来响应读取请求。当你的服务向Zookeeper集群写入一个新的值时，该请求会被发送到你所连接的追随者上，追随者再将你的请求转发给领导者。如果领导者接受这个请求，那么它就会将新的值同步给其他追随者，并将响应发送回你的服务。领导者也有可能会拒绝该请求，稍后我们会看到一个相关例子。如果领导者已经收到另一个更改同一数据项的请求，而这个先前的更改还没有同步到所有的追随者上，它也会拒绝你的请求。

现在考虑一下，如果在这个流程中出现故障会发生什么。如果你的服务出现故障，Zookeeper追随者通过心跳机制检测到故障，并将你从所有数据项的用户中移除。如果你连接的追随者出现故障，你的服务会识别该故障并连接到另一个追随者。同时，Zookeeper领导者也识别到你的追随者出现了故障，会创建一个新的追随者来替代它，并给新的追随者同步必要的状态。最复杂的情况是，当领导者出现故障的时候。这种情况下，所有追随者会使用分布式协同共识算法和持久化机制来选举产生新的领导者。正如上文所说，这些算法都相当复杂，我们就不去深入探讨其细节了。

接下来看看如何使用Zookeeper集群来创建分布式锁。Zookeeper将其仓库组织成一个数据节点层级结构（就像文件系统中的目录树），如图3.5所示。在这个例子中，第一个请求锁的服务实例将在Zookeeper库中创建一个名为

your_account_lock的数据节点。这个节点在创建之初是没有子节点的。由于这个锁的存在，其他任何实例试图创建your_account_lock节点都会失败。一个需要更改账户余额的服务实例会创建一个your_account_lock节点的子节点，用服务实例的独有ID命名该子节点。然后，该服务实例会查看your_account_lock节点的子节点列表。如果该服务实例是该列表中的第一个节点，则认为它获取到了锁，否则就没有获取到。服务实例还对your_account_lock节点设置了一个事件监听器（watcher）。如果这个节点的状态发生变化（添加或删除一个子节点），Zookeeper会通过回传通知监听器。在持有锁的服务完成对账户余额的操作后，服务会删除它创建的子节点。如果服务在删除子节点之前出现故障，则Zookeeper会检测到并自动删除该子节点。其他等待获得锁的服务实例可以在等待过程中做其他工作，当子节点发生变化时，所有监听器都会收到通知。在接收到通知后，每个服务实例会再次检查子节点列表，看看自己是否是列表中的第一个，如果不是，则继续等待。

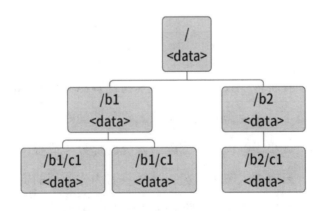

图3.5 Zookeeper节点结构图

因为和你打交道的Zookeeper服务器离你的虚拟机很"近"，所以你和它的交互速度很快。因为Zookeeper只管理有限的数据量，数据仓库保存在内存中，所以速度很快。与Zookeeper的交互只需要几毫秒的时间。选举产生一个新的领导者则更加耗时：首先必须选出一个新的领导者，然后使用分布式协同协议的持久性机制更新领导者。

在第3.3.3节中，有一种实施方案是将共享的状态存储在外部数据库中。假设这个外部数据库使用SQL事务等机制处理多个服务实例之间的分布式协同，并且状态值将被持久化，提供这些特性的数据库服务一般比Zookeeper这种服务的性能差很多。服务设计者应该如何选择共享信息的存储位置呢？当数据量很小（小于1 MB），并且不需要在应用程序单次调用后就被持久化的情况下，分布式协同系统通常是比SQL数据库更好的存储共享信息的选择。

现在我们来谈谈实例的自动创建和销毁。

3.5 弹性伸缩
Autoscaling

我们回过头来看看传统数据中心，即其物理资源完全归你的企业所拥有的情况。在这种环境下，企业需要按照系统工作负载的峰值所需资源来配置物理硬件。但当工作负载小于峰值时，分配给系统的部分（或很多）硬件能力就闲置了。相较之下，云有两大突出优势：一是只需为你使用的资源付费，二是你可以轻松快速地添加和释放资源（即弹性）。这两个特征使企业可以创建一个满足工作负载需求的系统，同时避免了空置的资源浪费。

云的弹性可以在不同的时间尺度上实现。比如有些系统的工作负载相对稳定，为了应对这种工作负载的缓慢变化，可以考虑每月或每季度的人工审查和改变资源分配。另一类系统的工作负载更加动态，请求率快速增减，这些系统则需要一种自动添加和释放服务实例的方法。

弹性伸缩是许多云供应商都提供的一种基础设施服务，可以在需要时自动创建新实例，当不再需要时释放多余实例。弹性伸缩通常与负载均衡一起，负责扩大或缩小负载均衡器后面的服务实例池。

回到图3.4，假设两个客户端产生的请求超过了两个服务实例的处理能力，弹性伸缩策略根据这两个实例使用的同一个虚拟机镜像创建了第三个实例。新实例也在负载均衡器中注册，这样，后续的请求就可以被分发到三个实例中。图3.6展示了弹性伸缩器（autoscaler）监控服务器实例的使用情况。一旦它创建了一个新的服务器实例，就会将其IP地址通知负载均衡器，这样负载均衡器就可以向新的服务器实例分发请求了。

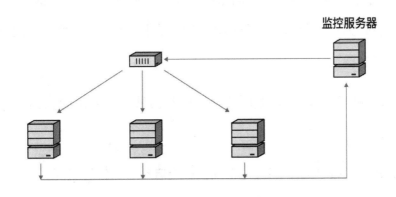

图3.6 弹性伸缩器监控服务器实例的使用情况

由于客户端不知道有多少个实例存在，也不知道哪个实例在为它们的请求提供服务，所以弹性伸缩对客户端是不可见的。此外，如果客户端请求率下降，则可以在客户端不知道的情况下从负载均衡器的池中删除一个实例，将其停用并重新分配。

现在我们来介绍弹性伸缩器的工作原理。一方面，弹性伸缩器是一个附加到负载均衡器但又不同于负载均衡器的服务。由于负载均衡器需要参与每个消息请求，且必须保持高性能，因此，它不应该被弹性伸缩干扰。另一方面，弹性伸缩器和负载均衡器又必须协作，因为当弹性伸缩器创建一个新实例时，必须通知负载均衡器该实例的存在。图3.6展示了一个负载均衡器和一个弹性伸缩器，为了简单起见，它们之间是一对一关系，但在实践中，一个弹性伸缩器可以和多个负载均衡器、多个服务一起工作。

图3.6中需要注意的是，虽然弹性伸缩器正在监控着服务实例，但这些实例在弹性伸缩过程中是被动的，不知道弹性伸缩器正在监控的指标。这意味着弹性伸缩器只能监控云基础设施采集的指标，通常包括CPU利用率和网络I/O请求率。你需要为弹性伸缩器设定一系列规则以管理其行为。弹性伸缩器的配置信息包括以下这些。

创建新实例时要启动的虚拟机镜像，以及云供应商要求的实例配置参数（如安全设置）。

实例的CPU利用率上限，超过这个阈值就会启动一个新的实例。

实例的CPU利用率下限，低于该阈值的实例将被关闭。

创建和删除实例的网络I/O带宽阈值。

该组中实例个数的上下限。

弹性伸缩器不会根据CPU利用率或网络I/O带宽指标的瞬时值来创建或删除实例。首先，这些指标有高峰和低谷，只有在一定时间间隔内的平均值才有意义。其次，分配和启动一个新虚拟机需要的时间长达数分钟。虚拟机镜像必须被加载并连接到网络上，操作系统必须在启动后才能处理消息。因此，弹性伸缩器的规则通常是这种形式：当CPU利用率持续5分钟超过80%时，就创建一个新的虚拟机。

除了根据利用率指标来创建和销毁虚拟机外，还可以设置池中最小虚拟机或最大虚拟机的数量，或者根据时间安排来创建虚拟机。例如，通常在一周中，工作时间内的负载可能会更重，根据这个规律，可以在一个工作日开始前分配更多的虚拟机，并在工作日结束后删除一些虚拟机。相反，有些服务可能在非工作时间用得更多。所以，这种计划分配需要基于服务使用模式的历史数据。

当弹性伸缩器删除一个实例时，它不能直接关闭虚拟机。首先，它必须通知负载均衡器停止向该服务实例发送请求。其次，如果该实例正在处理请求，弹性伸缩器会通知实例终止活动并关闭，之后才可以销毁实例。这个过程被称为"耗尽"实例。作为一个服务开发者，你需要提供适当的接口来接收终止和耗尽服务实例的指令。

3.6 总结

Summary

云由多个分布式数据中心组成，每个数据中心拥有数以万计的计算机。云是由可以通过互联网访问的管理网关进行管理的，管理网关负责分配、重新分配、监控虚拟机，以及测量资源使用情况和计费。

由于计算机数量众多，数据中心经常会有计算机发生故障。作为一个服务开发者，你应该有这样的预设：运行你的服务的虚拟机在某些时候会出现故障。也应该理解，你对其他服务的请求会呈现长尾分布，这意味着会有5%的请求需要花费平均请求响应时间的5~10倍完成。所以，作为一个服务开发者，必须关注服务的可用性。

由于单个服务实例可能无法及时满足所有请求，所以，在多个虚拟机运行服务的多个实例势在必行。这些实例被置于一个负载均衡器后面，负载均衡器负责接收来自客户端的请求，并将请求分发到各个实例中。

多个服务实例和多个客户端的存在对状态处理的影响极大。选择不同保存状态的方法会导致不同的结果。常见的做法是让服务保持无状态，这样更容易从故障中恢复，也更方便添加新的实例。

较少量的数据可以利用分布式协同服务，在服务实例间共享。虽然分布式协同服务实施起来较繁杂，但也有几种成熟的开源方案可以使用。

云基础设施可以根据你的服务的需求自动扩容和收缩，在需求增长时创建新实例，在需求缩减时删除实例。你可以通过制定一组弹性伸缩的规则来限定创建或删除实例的条件。

3.7 练习

Exercises

1. 在云端分配一个虚拟机并显示其IP地址。

2. 查看一个来自云端虚拟机的消息报头，并确定报头中的源IP地址来自何处。

3. 测试第3.3.3节"状态管理"中给出的各种状态管理方式，验证其结果是否正确。

4. 安装Zookeeper。你的安装出了什么问题？Zookeeper服务器的位置和初始化有哪些限制？你需要对领导者指定哪些信息？

5. 用你的云服务供应商创建一个弹性伸缩组。除了上文列举的信息外，还需要提供哪些额外的信息？

6. 安装HAProxy并使用两个LAMP虚拟机实例对其进行测试。

3.8 讨论

Discussion

1. 当通过云管理网关创建一个虚拟机时，云管理网关会为该虚拟机返回一个公有IP地址。这是你创建的虚拟机的实际IP地址吗？为什么？

2. 解释客户端发出的消息IP报头中源地址和目的地址字段，在先通过代理，再通过负载均衡器后，都发生了什么变化。客户端如何知道返回的消息是对其发送的原始消息的响应？

3. 查看你最近编写的一个程序，能否把它分为有状态的部分和无状态的部分？能否把无状态的部分封装成一个服务？

4. 上下文关系图（context diagram）是一种图表，呈现系统主体以及与系统主体通信的外部实体。上下文关系图可以明确系统主体所承担的责任，以及为承担责任系统主体与外部实体产生的交互关系。在设计过程中，使用上下文关系图是为了对需要探讨的范围达成共识。请画出一个负载均衡器的上下文关系图。

第4章 容器管理

Container Management

在第1章"虚拟化"中我们介绍了容器的概念，即操作系统的虚拟化。在第3章"云"中我们讨论了云如何分配虚拟机的问题。诚然，正如第1章中所说，容器是在虚拟机内部运行的，但容器的分配机制却与虚拟机的分配机制不同。尽管随着容器使用的不断发展，两者的差异可能会缩小，但至少在目前看来，两者的分配机制是不同的。本章将聚焦于容器的分配机制。这里要稍微提一下，在第1章中的容器这个术语，在实践中既指运行中的容器，又指容器镜像。本章我们也将沿用这一约定。

在读完本章并完成相应的练习后，你将学到：

• 为什么容器可以从一个环境移到另一个环境中？

• 什么是容器镜像仓库？如何在其中存储容器镜像？

- 什么是集群？什么是集群中的容器编排？

- 什么是无服务器架构？

4.1 容器和虚拟机
Containers and VMs

在深入探讨容器管理的细节之前，我们先讨论一下使用虚拟机交付服务与使用容器交付服务有何不同。

正如我们之前所说的，虚拟机将CPU、存储和网络I/O等物理硬件虚拟化。你在虚拟机上运行的软件包括整个操作系统，而且你几乎可以在虚拟机上运行任何操作系统。你还可以在虚拟机上运行几乎任何程序（除非它必须与物理硬件直接交互），这在使用遗留软件或外部购买的软件时非常重要。此外，在虚拟机上运行整个操作系统，可让你在同一个虚拟机中运行多个服务，这种做法在很多情况下是可取的，例如在服务紧密耦合或共享大型数据集时，或者你想利用在同一操作系统环境中运行的服务之间的高效通信和协同时。虚拟机管理程序负责确保操作系统的正常启动并监控它的运行状态，同时能在操作系统崩溃时进行重启。在虚拟机中运行的服务，使用诸如serviced、initd和Upstart等操作系统功能来启动、监控和重启服务。

回想一下容器实例共享一个操作系统。操作系统必须是Linux，并且必须与容器运行时（container runtime）兼容，这一点限制了可以在容器上运行的软件。容器运行时负责启动、监控和重启在容器中运行的服务。容器运行时一次只能启动和监控一个容器实例中的一个程序，如果这个程序正常完成并退出，则该容器执行结束。因此，容器一般只运行一个服务（尽管这个服务可以是多线程的）。此外，使用容器的好处之一是，容器镜像的体积小，只包含运行服务所必需的程序和库。但是，包含多个服务的容器镜像，其体积可能会膨胀，从而使容器的启动时间和运行时内存占用增加。在本章还会看到，我们可以把与运行相关服务的容器实例归为一组，让它们在同一台物理机上运行，并使用容器运行时的桥接组网进行高效通信。有些容器运行时甚至可以让同组内的容器共享内存和协同机制（如信号量）。

再回忆一下之前介绍的，当服务接收请求时，是从该服务IP地址的端口上接收的。一个虚拟机中的服务所使用的端口，并不会和运行在同一虚拟机管理程序上的另一虚拟机中的服务所使用的端口发生冲突，因为每个虚拟机都有自己的IP地址，并桥接到本地网络。另一方面，运行在同一个组的容器（我们将在本章后面定义容器组的含义）共享一个外部可见的IP地址。正如在第2章中所讨论的那样，容器运行时创建了一个桥接组网，网桥一端连接主机上的各个容器，另一端通过网络地址转换方式（NAT）连接外部网络，使容器可以共享一个外部IP地址。这就导致了在同一个机器上运行的基于容器的服务可能会发生端口冲突。例如，同一台机器上有两个Web服务器在两个容器中运行，每个Web服务器都会尝试使用80端口来接收请求。第一个申请端口的Web服务器将会成功，但这也会导致第二个服务器因为端口冲突而无法初始化。正如我们将在下面看到的那样，当用容器交付服务时，你不仅要设计自己的服务，还要设计你的服务如何与其他服务组合，从而既能避免端口冲突，又能利用高效的桥接组网。

总之，虚拟机和容器的区别在于以下几方面。

- 虚拟机可以运行任何操作系统，而容器目前只限于Linux。

- 虚拟机内的服务通过操作系统功能来启动、停止、暂停，而容器内的服务则通过容器运行时功能来启动和停止。

- 虚拟机在运行的服务终止后仍会持续存在，而容器则不然。

- 在不同虚拟机上运行的服务之间不会发生端口冲突，即使虚拟机运行在同一个虚拟机管理程序上。然而，如果容器在同一桥接组网上，那么同一机器上的两个容器中运行的两个服务可能会发生端口冲突。

4.2 容器的可移植性
Container Portability

在第1章中，我们介绍了容器运行时的概念，以及它如何与容器交互。目前有几个容器运行时供应商，其中最著名的是Docker、Kubernetes和Mesos。这些软件都提供了创建容器镜像、分配和运行容器实例的功能。容器运行时和容器之间的接口已经被开放容器计划（open container initiative）标准化，这确保了由一个供应商的包（比如Docker）创建的容器，在另一个供应商（比如Kubernetes）提供的容器运行时上能顺利运行。

这意味着你可以在开发计算机上开发一个容器，并将其部署到生产计算机上并执行它。当然，可用的资源将有所不同，所以部署仍然不是一件简单的事。如果你能将所有资源规范都指定为配置参数，那么容器投入生产环境的过程就会简化很多。我们将在第6章和第7章中重拾部署和配置参数的话题。

4.3 容器镜像仓库
Container Registries

容器镜像是通过选择一个合适的基础镜像，然后添加服务的专用代码和依赖包来创建的。基础镜像保存在镜像仓库中。在你使用容器运行时创建完整镜像的过程中，该镜像保存在本地开发机器上。通常情况下，你会再将该镜像放回镜像仓库中，这样就可以从其他机器上来访问它，并进行测试、集成及部署到生产环境中。这与版本控制系统中使用的模式是一样的。在版本控制系统中，在你准备将修改提交到版本控制系统之前，修改的内容都会在本地存储和测试。

容器镜像仓库像软件版本控制系统（如Git）一样也有一个接口。你可以通过"pull"命令获取容器镜像，通过"push"命令存储容器镜像。此外，容器镜像可以用版本标识符标记，这样便于获取镜像的最新版本或特定的某个版本。这提供了与控制源代码版本一样的好处，你可以轻松地回滚到以前的镜像，且可以将用于修复生产环境漏洞的镜像与用于开发新功能的镜像区分开来。

与源代码仓库一样，容器镜像仓库可以是企业公有的（例如Docker Hub），也可以是企业私有的。公有镜像仓库提供了大量的基础镜像，由于镜像的格式都是标准化的，所以你不需要关心这些镜像是通过什么工具创建的。但你需要留心不要将恶意软件引入到系统中。我们将在第11章"安全开发"中讨论从互联网下载软件的相关安全问题。

私有镜像仓库可以由云服务供应商（如Amazon Elastic Container Registry）托管，也可以作为企业网络中的基础设施服务进行维护。私有镜像仓库允许企业限定哪些基础镜像可以在企业内使用，还可以使操作环境标准化，并帮助企业保护其完成的服务容器镜像的知识产权。

4.4 容器集群
Clusters of Containers

我们可以把负载均衡器想象成一个相同节点的集合的管理器，客户端向负载均衡器发送请求，以获得其中一个节点的服务，而不需要考虑哪个节点提供了服务。当我们讨论集群时，请记住这一类比。

小提示：集群

一般来说，集群是指通过高速网络连接的一组机器，并可被视为一个逻辑单元。这个术语在计算领域有着悠久的历史，用于标识各种结构。有些人会把一个数据中心的所有机器描述为一个集群。一组分配给特定应用的机器也可以被称为集群，例如MySQL数据库集群或Apache Kafka集群。

创建集群的目的是多样的。一些常见的目的比如负载均衡（我们将在本节讨论）、高可用性（如Apache Zookeeper）、高性能（如Apache Hadoop或Apache Spark）。理论上，任何集群都有可能实现以上多个特性，但一个集群架构需要权衡取舍，使其在实现一种特性时更高效，而在其他特性上则效率较低。例如，Apache Hadoop主要是为高性能而设计的，它也解决了可用性问题，但不提供负载均衡功能。

负载均衡容器集群由一个主节点和若干个工作节点组成。节点是一个实例化的容器运行时。主节点加载能执行各种调度任务的镜像，工作节点加载能为客户端提供服务的镜像。主节点类似于虚拟机负载均衡器，是客户端对工作节点服务请求的入口。主节点能跟踪工作节点的健康状况，并给工作节点分配请求。

一个容器节点，无论是主节点还是工作节点，都是托管在虚拟机上的。[19]因此，为了在工作节点上运行一个容器，当其被实例化时，只需要将容器镜像加载到节点中启动即可。由于容器镜像比虚拟机镜像小得多（不包含操作系统和其他支持软件），加载容器镜像也会比加载虚拟机镜像快得多。虚拟机镜像从加载、启动到准备好接受请求可能需要几分钟，而容器镜像的加载和启动只需要

---

[19]节点一般是运行在虚拟机上的，尽管有些容器运行时支持在运行 Linux 操作系统的"裸机"上运行容器或者容器组。

几毫秒。

一旦节点加载完毕，主节点就会像负载均衡器一样将请求调度到各容器上。

Kubernetes是常见的容器运行时之一，它的层级结构中多了一个元素Pod。Pod是一组相关的容器。Kubernetes的结构如图4.1所示，节点包含Pod，Pod包含容器。同一Pod中的容器共享一个IP地址和多个端口，以接收来自其他服务的请求。Pod内的容器可以通过如信号量（semaphores）或共享内存这类进程间的通信方式互相通信。它们还可以共享在Pod生命周期内存在的临时存储卷。Pod中的容器有相同的生命周期，也就是说，Pod中的容器是一起分配和重新分配的。举一个例子，将一个内容管理器和一个消费内容的Web服务放在同一个Pod中，并共享一个存储卷，内容管理器用来保存内容，Web服务用来检索该内容。我们会在第6章讨论网格时看到Pod的其他应用。

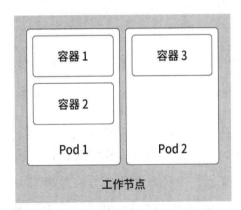

图4.1 工作节点中包含Pod，Pod中包含容器

到目前为止，集群的描述都是静态的：创建一个集群，分配虚拟机给该集群，分配节点到虚拟机中，加载容器（和Pod）到节点。事实上，集群的结构是不受束缚的，通过编排和伸缩，集群也可以成为动态的系统。

4.4.1 集群编排

Cluster Orchestration

在软件工程中，编排（orchestration）是指对一系列活动的协调管理。这个定义同样适用于容器。举一个例子，你希望建立一个两步的机器学习流水线，这个流水线的第一步是为模型准备训练数据，第二步是使用数据来训练模型。如果你为这两步都准备一个容器，想安排它们，让准备训练数据的容器先运行，训练模型的容器后运行，这样，第一步输出的数据才能喂给第二步训练模型的容器。这就是一个工作流的例子，我们必须指定这个工作流的编排。

我们可以将这个工作流通过一系列的手动步骤实现，如下面的shell伪代码所示：

```
$ create volume "preparation-output"
$ start container "preparation" -in "input-data-set" -
out "preparation-output"
$ start container "train" -in "preparation-output" -out "model-
parameter-store"
$ deallocate container "train"
$ deallocate container "preparation"
$ deallocate volume "preparation-output"
```

你肯定不希望每次要用新数据训练模型时，都必须手动指定活动顺序。你希望能自动执行这个规范。一种自动化的方法是编写一个单一用途的脚本（见图4.1），将所有运行这个流水线的命令捆绑起来。另一种方法是使用一个通用工具来协调。这个通用工具适用于容器，知道如何连接容器和对它们进行排序，所以使用这个工具可以节省很多时间。当然，这个工具有一定的学习曲线，因此必须权衡使用它节省的时间和学习它花费的时间。

假如你只需要创建一个工作流，那么可能不值得花时间去学习通用工具。但如果你会遇到许多需要指定容器编排的场景，这种情况下，学习通用工具就是一次性成本，分摊到所有使用该工具的时间中后就微不足道了。

这正是如Kubernetes这样的容器编排工具的价值主张。这些工具管理容器集群的编排，并通过编排实现如下功能。

- 在负载均衡集群的容器间调度请求。

- 安排容器组的分配和重新分配。

 ✧ 满足固定的工作流，例如机器学习流水线；

 ✧ 根据工作负载的变化而动态变化。

- 监控容器的健康状况，并停用、重新分配不健康的容器。

容器编排工具的另一个功能是跨虚拟机重新分配容器。举例来说，假设一个托管虚拟机和容器的物理机，因为要维护而即将停止服务，云供应商会给你发这个事件的警告信息，编排工具在收到警告信息后，将在另外一个物理主机上分配新虚拟机和容器，然后将负载转到这台新主机上。如果物理机或虚拟机发生意外中断，编排工具就能识别到该中断，在其他主机上分配新的虚拟机和容器，并且不对客户端造成严重干扰。

刚才讨论的重新分配方式，是基于容器和捆绑在这些容器中的服务都是无状态的前提。关于有状态服务和无状态服务，请参见第3.3节。

4.4.2 容器伸缩

Container Scaling

由于容器是在虚拟机托管的节点上运行的，因此容器的伸缩涉及两种不同类型的决策。回想一下，在扩容虚拟机时，监视器认为需要额外的虚拟机，就会分配一个新的虚拟机并加载相应的软件。而扩容容器意味着要做两级决策：首先，决定当前的工作负载是否需要一个额外的容器（或Pod）。其次，决定是否可以在现有虚拟机上分配新的容器或Pod，还是必须分配一个额外的虚拟机。

存在分配额外虚拟机的可能性就意味着，容器伸缩服务必须与云供应商的虚拟机分配服务集成。这通常不是问题，因为云供应商会提供简单的机制来程序化地分配新虚拟机。但这也意味着，你或你的企业需要选择一个与你的云供应商集成的编排工具来管理伸缩，否则就要接受自己的编排工具无法支持虚拟机扩容的结果。

4.5 无服务器架构

Serverless Architecture

回顾一下虚拟机是如何分配的。首先要找到一台有足够可用容量的物理机，然后将虚拟机镜像加载到该物理机中。换句话说，物理机构成一个池，从池中进行分配。假设现在不是将虚拟机分配到物理机中，而是希望将容器分配到容器运行时。同样，会有一个容器运行池，容器被分配在其中。

由于容器的加载时间非常短，只需几毫秒，因此，如果容器镜像和容器运行时是现成的，那么分配、加载和启动容器可以非常快。现在把这个问题再往前推一步。由于虚拟机的分配和加载相对来说比较耗时，需要几分钟来加载和启动实例，所以，即使在请求间隙有闲置时间，也要让虚拟机实例处于运行状态。相比之下，由于将一个容器分配到容器运行时的速度很快，所以没有必要让容器一直处于运行状态，可以为每个请求重新分配一个新的容器实例。当服务完成一个请求的处理时，它不需要再回去接收另一个请求，而是直接退出，容器停止运行并被重新分配。

这种系统设计方式称为**无服务器架构**（serverless architecture）。事实上，还是会由服务器来托管容器运行时的，但由于它们是根据每个请求动态分配的，所以服务器和容器运行时嵌入了基础设施中，作为开发者，不再需要分配或重新分配它们。支持这一点的云供应商功能称为**函数即服务**（function-as-a-service，FaaS）。

响应单个请求进行动态分配和重新分配的后果是，这些短暂存在的容器不能维护任何状态，即这些容器必须是无状态的。在讨论动态协同时，我们介绍了如何对多个客户端共享的少量状态信息进行快速检索和存储。在无服务器架构中，这种协同状态信息只能存储在云供应商提供的基础设施服务中。

但在现实情况中，云供应商还是对FaaS功能设置了一些限制。第一个限制是，支持该功能的基础容器镜像选择有限，这限制了你的编程语言选择和库依赖项。这样做的目的是减少容器的加载时间，你的服务受到限制，成为供应商基础镜像层之上的一个薄镜像层。第二个限制是"冷启动"时间。当你的容器第一次被分配和加载时，冷启动时间可能是几秒钟。但后续请求的处理几乎是瞬间完成的，因为你的容器镜像已经被缓存在节点上了。最后一个限制是，请求的执行时间是有限的：你的服务必须在供应商的时间限制内处理请求并退出，否则将被强制终止。云供应商这样做是出于经济上的考虑，与其他运行容器的方式相比，云供应商可以借此调整FaaS的定价，并确保FaaS用户不会过多地消耗资源池。一些无服务器系统的设计者投入了大量的精力来规避或解决这些限制问题，例如，预先启动服务以避免冷启动延迟，发出虚拟请求以将服务保存在缓存中，以及将一个服务的请求分叉或链接到另一个服务，以延长有效执行时间。

4.6 容器技术的发展

The Evolution of Container Technology

正如我们在第1章中所说，容器并不是一个新概念，其根源可以追溯到Linux之前的UNIX系统。然而，采用容器作为微服务架构的赋能技术（我们将在第6章中讨论微服务）加速了该技术的发展，而这种发展反过来又催生出容器的许多用途。与虚拟机管理程序及其管理器最初是专利技术不同，容器运行时和容器编排从一开始就是开源技术，这也促进了创新。我们编写本书的时候，容器管理正朝着两个不同的方向发展，之前我们已经讨论了它们的技术方面，下面将重点讨论这两个方向的发展对服务设计者的影响。

第一个方向是容器编排，它使用容器来封装和部署所有服务。容器组（如Kubernetes Pods）能够让你捆绑一系列相关服务，确保它们被分配，并将它们作为一个逻辑单元来启动、伸缩、终止和重新分配。这使得你在设计分析可扩展、高可用性系统时更容易。但是，作为服务设计者，仍然需要关注一些细节，比如在不同的节点上分配容器组，以保证单个节点的故障不会影响你的服务，并且，当服务所使用的软件更新时，你需要重建（和测试）容器镜像。

第二个方向是利用容器来实现无服务器计算。如上所述，虽然叫无服务器架构，但其实还是有服务器的，也有容器。当然，这些对服务开发者都是不可见的。当你的函数初次被调用时，容器镜像就会被加载，无服务器平台供应商可能会优化容器基础设施，以使其快速完成任务。例如，在每个节点上缓存容器基础镜像，而不是通过网络从容器镜像仓库中加载它们。因为当函数退出时，容器分配逻辑可能不会立即从一个节点上重新分配一个容器，所以容器也是有可能被后续调用重新使用的，从而避免了重建容器。无服务器平台供应商可以维护一个运行基础镜像的容器池，并将你的函数加载到其中一个已经在运行的容器中。

每个方向都将容器技术推向一条略有不同的道路。容器编排的发展使服务开发者得以使用许多容器技术和API，这些功能必须是通用的，而且具备对不同用例实现的健壮性。在无服务器方向，容器技术是服务开发者不可见的。API仅由无服务器平台供应商使用，而且必须针对这种特殊用例进行功能优化。今天，同样的容器技术仍在向着两个不同的方向延伸发展，但这种趋势未来可能会有变化。

4.7 总结
Summary

容器是一种将操作系统虚拟化的封装机制。如果有可兼容的容器运行时可用，则可以将容器从一个环境移到另一个环境。容器运行时的接口已经标准化。

容器镜像可以存储在容器镜像仓库中。镜像仓库标识了容器镜像的各种版本。容器镜像仓库既可以支持团队成员之间的协作，也可以是任何人都能使用的公开库。

将容器集合视为集群有利于伸缩和编排。集群管理器将收到的请求调度到各个容器中，并负责对其所管理的容器集群进行扩容和收缩。

无服务器架构可以快速地实例化容器，并将分配和重新分配容器的责任移交给云供应商的基础设施。

容器编排和无服务器架构侧重于容器技术中的不同功能。目前，同样的容器技术被应用于两个不同的方向，但这种情况将来可能会改变。

4.8 练习
Exercises

1. 将你在第1章练习4中创建的容器存储到容器镜像仓库中。请一位同事或同学检索并运行它。

2. 使用练习1中容器的两个实例创建一个Docker Swarm容器集群。

3. 参照集群编排章节，使用Kubernetes建立一个简单的流水线。

4.9 讨论
Discussion

1. 集群和子网之间有什么关系？

2. 在Kubernetes中如何指定编排规则？

3. 使用业务流程模型来表示容器编排流程。这些容器编排工具的成熟度如何？如何使这些工具保证生产质量？

4. 找出本章中哪些地方使用了"容器"一词来指代容器镜像。

5. 画出集群编排器的关系图。

第5章 基础设施的安全性

Infrastructure Security

软件系统的许多特性（例如性能或可用性）取决于你开发的服务的代码质量、代码所运行的基础设施和技术，以及生产系统的运维流程。安全性也具有类似的依赖性，但有一个重要的区别：恶意攻击者很可能会攻击你的系统，并尝试利用你的代码或配置中的任何错误进行攻击。即使是不处理任何有价值数据的系统也会成为攻击目标，从而获得对计算和网络资源的控制权，然后使用这些资源来攻击其他系统（例如，僵尸网络）或挖掘加密货币（挖矿）。

本章讨论交付安全系统所需的底层技术和基础设施。稍后，在第11章中，我们将讨论如何使用这些基础设施来开发和运维安全服务。学完本章后，你将：

- 对密码学有所了解；

- 了解公钥基础设施（PKI）；

- 了解如何安全地传输数据和文件；

- 了解如何以安全方式从一台计算机远程控制另一台计算机；

- 对入侵检测有所了解。

5.1 安全工作的分类
Categorizing Security Activities

安全工作通常使用"识别/防护/检测/响应/恢复"框架进行分类。

识别：识别有价值的数据或资源。此项任务因系统而异，我们将在第11章中对此进行讨论。

防护：确定了有价值的数据后，将使用下一节中介绍的加密技术来保护数据。也可以通过第11章中讨论的漏洞评估和修复来保护资源。

检测：预计自己会受到攻击，因此必须使用入侵检测等技术来检测攻击，本章稍后将对此进行讨论。

响应：如果发生破坏或入侵，则必须做出响应。通常，响应取决于你破坏的性质和你的技术能力。响应还可能涉及组织政策和法律责任。这些主题超出了本书的范围。

恢复：从安全事件中恢复，类似于第10章中讨论的业务连续性工作。

一个安全的系统具备三个特性，通常缩写为CIA。第一个特性是**机密性**（condidentiality），敏感信息和资源仅可被授权者查看。第二个特性是**完整性**（integrity），完整性让用户相信信息没有被破坏或修改。第三个特性是**可用性**（availability），可用性确保在任何时候都可以访问到信息和资源。请注意，可用性将服务可达性和响应性的概念扩展到了更深的层次，例如，确保你不会丢失关键的系统密码或加密密钥。

尽管安全不只是简单的"保守秘密"，但我们还是应该先关注加密，这对于实现机密性至关重要，也可以解决完整性问题。然后，我们将讨论如何使用加密技术在企业内部和企业之间的系统与服务之间创建可信连接。

我们将讨论诸如加密和安全连接之类的技术原理，因为只有具备这些知识，才能理解每种技术如何帮助和破坏机密性、完整性和可用性。同时，对这种安全技术的理解，可让你在开发服务时正确地使用它们，并知道在生产环境中操作安全系统需要采取哪些流程。

我们不会在这里讨论这些技术的实现细节，以方便你自己实现这些技术。实际上，安全软件基础设施的基本规则是：不要自己去实现安全软件基础设施技术。软件安全专家布鲁斯·施奈尔写道："任何人，从最笨拙的业余爱好者到最好的密码学家，都可以创建自己无法破解的算法。做到这一点不难。困难的是创建一种即使经过多年的分析也无法打破的算法。唯一证明这一点的方法就是让算法受到周围最好的密码学家的分析。"[20]

施奈尔的话并没有提及安全算法与算法实现之间的重要区别。算法和算法实现都值得关注：即使是理论上最安全的算法，也必须一丝不苟地实现。美国国家科学技术研究院（NIST）对算法和算法实现都进行了详尽的测试，并且只应使用经过测试的算法并且可靠实现的软件。

有许多商业和开源软件包都恪守此则。建议使用它们。

5.2 防护：密码学
Protect: Cryptography

密码学是使用密码（cipher）算法进行秘密通信的过程，这种算法用于对数

---

[20] https://www.schneier.com/blog/archives/2011/04/schneiers_law.html。

据进行加密和解密。将纯文本（例如此文本页面）通过加密后，再将其转换为人类无法理解的密文。然后，你可以通过解密将密文转换回明文，以便于阅读和理解。

例如，有一种传说由恺撒发明的简单密码算法。获取一串明文并通过将每个字母替换为字母表中该字母后面或前面固定距离的字母来对其进行加密。之后通过反转移位来解密密文。

SHIFT = +5

••• GHIJKLMNOP •••   SECRET

                  ↓   加密   ↑   解密

••• LMNOPQRSTU •••   XJHWJY

该密码适合快速手动操作，但不是很"强"。

什么是密码算法的强度？通常有两种方法评估密码算法，即破解成本和破解时间。攻击者通常可以在这两者之间取得权衡，花费更多的资源来减少时间，或者延长时间以节约资源成本。我们选择密码算法时，需要确保破解密码的成本超过加密信息的价值，或者破解密码的时间超过信息的解密期限。例如，数据加密标准（DES）密码算法在20世纪70年代至90年代后期被广泛使用，直到1998年，使用成本约为25万美元、耗时56个小时的硬件破解（之后DES被其他密码给替代）。通过现代密码（例如高级加密标准（AES））的分析表明，即使考虑到硬件方面的改进，暴力攻击也将花费数十亿年时间。

除了暴力攻击外，还有针对特定密码的特定硬件或软件实现的间接或旁路攻击，以致意外泄露数据或信息。例如，执行时间信息可用于推断算法的内部状态。最后，存在与密码算法无关的攻击，如社会工程和物理盗窃。社会工程通过诱骗，使人们向攻击者提供密码或密钥。网络钓鱼[21]是使用社会工程的一个例子。

密码算法使用密钥（如口令）进行加密和解密。在上述简单的恺撒密码中，密钥是移位值。密码算法强度与密钥长度相关。例如，AES的密钥可以是128、192或256位长。

有三种类型的密码算法。**对称密码算法**使用相同的密钥进行加密和解密，而**非对称密码算法**使用不同的（但在数学上是相关的）密钥进行加密和解密。第三种密码算法是**哈希算法**，它是一种单向操作，可以加密但无法解密。

对称密码算法的速度很快，其执行速度至少是非对称密码算法的4000倍。它们非常适合由同一方执行加密和解密的情况，例如对笔记本磁盘上的文件系统进行加密。我们将存储在文件系统中的数据称为静态数据。如果存在一种安全地在多方之间传递共享密钥的过程，那对称密码算法也可以被多方使用，以保护传输中的数据（例如，通过网络传递的数据）。对称密码算法的缺点是，发现密钥的任何人都可以解密数据（例如，窃听通信而不会被发现）。另外，与非对称密码算法不同，由于任何人都可以使用密钥正确地执行加密，因此这些算法无法提供对数据加密方的身份验证。前面提到的DES算法和AES算法是对称算法的示例。

非对称密码算法更为复杂。该密码算法有时被称为公钥算法，因为其中一个密钥称为公开密钥，而另一个密钥称为私有密钥或秘密密钥。用公钥加密的明文只能用私钥解密，反之亦然。这使我们可以将这些算法用于通信（你使用我的公钥加密秘密消息，然后只有我可以使用我的私钥对其进行读取）和身份验证（我使用我的私钥对消息进行加密，任何人都可以使用我的公钥对其解密，

---

[21] https://en.wikipedia.org/wiki/Phishing。

并知道消息来自我）。公钥基础设施（PKI）是指允许在不同企业的各方之间可靠地分配公钥的技术。

之前讨论过，公钥和私钥在数学上是相关的。它们是基于以下假设生成的：如果有一个数字n，它是两个大质数p和q的乘积，即

n = p * q

那么，如果仅知道n，则很难确定p和q。（请注意，p和q不是公共密钥和私有密钥，而是使用p、q和n来生成密钥。）在这种情况下，"计算上非常困难"意味着确定p和q是NP难题，而NP难题（非确定性多项式时间）是计算复杂性的一个概念。

使用随机数生成器生成一个大质数。大多数随机数生成器都是"伪随机数"。也就是说，给定相同的起始种子，其实现将始终生成相同的随机数序列。伪随机数生成器不适合实现安全算法，因为两台不同的计算机（你的和攻击者的）可能使用相同的伪随机数生成器实现，并且攻击者可能会进行暴力破解以猜测起始密钥。某些计算机有生成真随机数的硬件设备，其基于某些物理现象（例如从设备驱动程序收集的环境噪声）。这些现象在特定的计算机内是不可重复的，更不用说在计算机之间了，因此生成的数字序列是真随机的，并且使用这些数字创建的密钥也将是真随机的。

回想一下，非对称密码的速度比对称密码的速度慢数千分之一，这使得它们在交换大消息时不切实际。实际上，要使用非对称密码来确认当事一方的身份。接下来，双方为通信会话生成对称密钥。然后，安全通信切换为使用会话密钥进行对称加密。这一系列步骤的常见示例是传输层安全协议，将在下面讨论。

上面提到的第三种算法是哈希算法。哈希算法是一种单向转换，它只能加密而不能解密。哈希算法使用确定性和公共算法将可变长度的明文消息映射成

固定长度的密文。该映射具有以下特性：①在给定密文的情况下确定明文是不可行的；②任何密文输出都可以由一个且只有一个明文消息产生（不存在冲突）[22]。哈希的重要用途是验证完整性。例如，要发布在网站上供下载的文件，其哈希值可能会显示在下载页面上。下载文件后，你可以计算收到文件的哈希值，并将其与网站上显示的哈希值进行比较，以验证获得的文件没有被篡改，并且文件在下载过程中没有损坏。

哈希还可以提供机密性，允许比较两个纯文本消息而不用公开内容，通过计算哈希值来进行比较。例如，它用于密码存储：仅存储密码的哈希值，对用户密码问询的响应进行哈希处理，仅传输哈希值并将其与存储的值进行比较。密码本身不存储，因此不会被窃取。

与其他安全机制一样，哈希算法也在不断发展。当前NIST推荐的哈希实现基于SHA-3。

5.3 防护：密钥交换
Protect:Key Exchange

在双方使用对称密码进行加密通信之前，双方必须先商议共享密钥。在20世纪70年代初期，拉尔夫·默克尔（Ralph Merkle）设计了一种算法，使双方通过公开信道进行通信，也可以议定共享密钥。后来，该算法由惠特菲尔德·迪菲（Whitfield Diffie）和马丁·赫尔曼（Martin Hellman）在1976年正式制定并发

---

[22] 作者这里说的"不存在冲突"并不完全准确。理论上，哈希冲突的可能性是存在的，也就是两段不同的明文可以生成同样的哈希值。虽然很困难，但是哈希冲突是可以被用来对系统进行攻击的。详情请参见 wikipedia https://en.wikipedia.org/wiki/Hash_collision。—译者注。

布[23]。尽管该算法被称为迪菲·赫尔曼（Diffie-Hellman）密钥交换，但是共享密钥从未被显式交换。相反，每一方都生成一个私有机密值，然后交换信息，使双方都可以计算出一个相同的共享密钥。

该算法的安全性取决于使用模运算分解大整数的难度。下面用颜色来描述它（借鉴维基百科中的方法），使它更容易理解。我们的两个主角是爱丽丝和鲍勃[24]。图5.1所示的为迪菲·赫尔曼简化图，显示了爱丽丝和鲍勃共享一种共知颜色，并且每个人都有一种秘密的颜色，他们不会与任何人（包括彼此）共享。然后，爱丽丝和鲍勃各自将自己的秘密颜色与共知颜色混合在一起。现在，爱丽丝将自己的混合色发送给鲍勃，鲍勃也将其混合色发送给爱丽丝。这是通过可能被窃听的公开信道进行的。窃听者可以看到共知颜色和两种混合色，但很难确定添加到共知颜色以产生混合色的颜色。现在，爱丽丝将她的秘密颜色添加到混合色中，而鲍勃将他的秘密颜色添加到混合色中。它们最终都获得相同的颜色（三色混合），这就是共享秘密。之所以能够做到保密，是因为任何窃听者只能看到共知颜色和混合色，却无法"分解"它们以找到秘密颜色。实际上，该算法虽然使用大质数和取模运算，但是基本思想与颜色混合类似。"分解混合"对应于我们前面提到的分解大整数。

迪菲·赫尔曼提供了一种称为前向保密的保密属性。如果正确实现（例如，上面简化说明中与秘密颜色相对应的数据值会立即从内存中清除），则每个通信会话都会创建一个无法重建的临时共享密钥。如果交换的某一方后来被攻破，而过往通信会话将仍然保密，这与预共享密钥或非对称密钥就不一样。如果预

---

[23] 英国军方的三个成员詹姆斯·埃利斯宜、克利福德·科克斯和马尔科姆·威廉森在 1969 年的、时候也发现了类似的方法，但是他们的工作直到 1997 年都是保密的。

[24] 1978 年，RSA 算法的作者在他们的示例中使用了爱丽丝和鲍勃这样的名字，然后就成了这个领域的传统。第三方往往被称为卡罗尔，伊芙是被动的偷听者，而马洛里是恶意的攻击者。具体请参见 https://en.wikipedia.org/wiki/Alice_and_Bob。

共享私钥或私钥被攻破，则可以解密使用该密钥加密的所有过去的信息。这是迪菲·赫尔曼密钥交换内置于许多安全通信协议中的一个原因，例如，用于建立VPN连接的IPsec协议（我们在第2章"网络"中讨论过VPN）以及传输层安全协议（TLS）和SSH安全外壳协议，这些将在本章后面讨论。

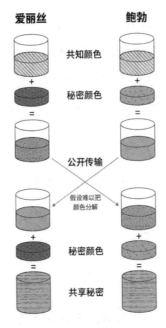

图5.1 迪菲·赫尔曼简化图[25]

5.4 防护：认证

Protect: Authentication

密码学和密码算法可以让我们隐藏（加密）和恢复（解密）信息。虽然这

---

[25] https://en.wikipedia.org/wiki/Diffie%E2%80%93Hellman_key_exchange。

是机密性的一部分，但是机密性也意味着我们仅向授权用户公开信息。需要一种机制来识别我们正在与谁通信。

预共享密钥（PSK）是身份验证的一种解决方案。使用预共享密钥（例如口令）对服务的客户端进行身份验证似乎是一种好方法，但是，这可能难以扩展：新客户端的密钥必须推送到其需要访问的每个服务上，并且当要吊销客户端权限时，必须将密钥从其有权访问的每个服务中设置为失效或删除。因此，企业采用Kerberos或LDAP等技术来集中验证身份，客户端和服务器通过认证中心服务建立联系，该服务负责客户端认证。客户端仅与认证中心服务预先共享密钥，这使得添加和吊销客户端权限更加容易。我们将在第11章"安全开发"中进一步讨论。

当你在企业外网络通信的时候，需要考虑两个级别的身份认证。首先必须确保连接的主机或服务是你预想的主机或服务（即未连接到冒名顶替者），其次必须以安全的通信方式交换信息。

考虑爱丽丝和鲍勃的信息交换，中间存在恶意的马洛里[26]。

（1）爱丽丝向鲍勃发送一条消息，该消息被马洛里截获：

爱丽丝："嗨，鲍勃，我是爱丽丝，给我你的密钥。"由于该消息被马洛里截获，因此鲍勃不会收到此原始消息。

（2）马洛里将此消息转发给鲍勃，鲍勃以为消息真的来自爱丽丝。

（3）鲍勃用加密密钥回应消息，而该密钥实际上是发给了马洛里。

---

[26] 摘自 https://en.wikipedia.org/wiki/Man-in-the-middle_attack。

马洛里用她自己的密钥替换了鲍勃的密钥，并将其转发给爱丽丝，声称这是鲍勃的密钥。

（4）爱丽丝用她以为是鲍勃的密钥来加密消息，认为只有鲍勃可以阅读它。但是，由于消息实际是使用马洛里的密钥加密的，因此马洛里可以对其进行解密、读取、修改（如果需要），然后使用鲍勃的密钥重新加密并将其转发给鲍勃。

这种攻击称为**中间人攻击**或MITM（man-in-the-middle），该攻击在这种交换中是可行的，是因为一方无法可靠地识别或验证与之通信的另一方。例如，马洛里可以在咖啡店等公共场所轻松创建看上去正常的无线网络，并拦截连接到该网络的任何人发送的所有消息。如果鲍勃是银行的网络服务器，爱丽丝是银行的客户，那么马洛里的举动可能会引发重大后果。

小提示：域名变体攻击

恶意参与者将自己插入通信路径的另一种方法是注册外观与合法域名相似的域名。这常用于攻击网站的用户，并且可能与网络钓鱼结合使用，以欺骗用户单击包含欺诈性域名的链接，而不是直接在其浏览器中键入欺诈性域名。攻击取决于用户是否注意到欺诈性域名中的细微差异。

例如，amazon.com是合法电子商务企业的域名。攻击者可能注册了域名amason.com或amizon.com。很多急于登录并进行购买的用户可能会忽视域名上的细微差别，从而使攻击者可以截获其amazon.com登录信息。

运营处理高价值交易网站的企业可能会自己注册一些变体的域名，以防止攻击者利用这些变体。

对于需要进行保密通信的双方来说，事先建立关系是不切实际的：安全地识别另一方的身份并交换密钥通常需要"额外"的通信，例如通过电话沟通。这促进了公钥基础设施技术的发展。

5.5 防护：公钥基础设施和证书
Protect: Public Key Infrastructure and Certificates

公钥基础设施（PKI）允许我们使用证书来完成身份验证。X.509是为交换的证书建立的格式标准。

PKI从一个或多个受信任的证书颁发机构（CA）开始。CA是一个独立的组织，它仅向可以被验证身份的组织（称为订阅者）颁发证书。这种身份验证可以是简单的域名验证，它可以确保接收证书的订阅者实际控制证书中指定的互联网域名（在第2章"网络"中讨论的DNS部分）。或者可以使用更严格的扩展验证来颁发证书，该验证更严格并且使用线下机制（例如，公开的公司地址、公司主管的姓名和电话号码）来验证订阅者确实是证书中标识的业务实体。

颁发的证书具备有效期（数月或数年），并包含其到期日期。它还包含订阅者名称，证书适用的互联网域名以及订阅者的公钥。扩展验证证书还将包含有关订阅者的其他信息，例如订阅者的营业地址。证书内容被哈希，并且哈希由CA使用其私钥进行加密。

如果你信任证书颁发机构，并且采用受信任的方式接收该证书颁发机构的公钥，则可以使用证书颁发机构的公钥来验证由对方（用户、客户或服务）提供的证书。使用CA的公钥解密获得哈希值，计算证书内容的哈希值，并将解密获得的哈希值与新计算的哈希进行比较。因为只有在使用CA的私钥对证书进行加密的情况下，此操作才能成功，所以成功解密才能证明证书是真实的。然后，你可以检查解密证书的内容，并验证与证书关联的网络域名与你打算连接的域名是否匹配。最后，你可以使用证书中对方的公钥来开始加密通信。

信任是使用PKI的关键要素。首先，你必须信任CA。CA通过社会和法律机制获得信任。然后，需要采用一种受信任的方式来接收你决定信任的CA的公钥。这由操作系统提供商处理，后者将广泛信任的CA的公钥直接嵌入操作系统镜像中。最后，PKI依赖于软件来实现正确使用到期日期并与CA一起检查证书是否未被吊销（例如，如果订阅者的私钥已被泄露，那么订阅者应通知CA，然后CA将吊销包含相应公钥的订阅者证书）。吊销证书是向全世界宣告该证书不可信。

PKI使用非对称加密，订阅者验证过程和CA公钥分发过程来创建可信赖的身份验证能力。接下来，我们看一下如何使用PKI进行安全通信。

你已经了解了两种不同类型的安全通信过程。迪菲·赫尔曼用在对窃听者开放的通道上，两个实体之间建立短暂的共享密钥。它依赖于大因素分解的难度，而不依赖于对第三方的信任。PKI依赖于受信任的CA，并具有签名消息和交换证书的功能，以实现对网站和其他服务的身份验证。这两种类型的过程在TLS中结合在了一起。

5.6 防护：传输层安全性

Protect: Transport Layer Security(TLS)

回想一下，安全性来自机密性、完整性和可用性，而单纯地加密仅解决部分问题。通过PKI，你可以知道连接的另一端是谁。没有身份验证，将很容易受到中间人（MITM）的攻击，例如上面讨论的示例。

上面的中间人示例表明，马洛里将自己插入通信路径并拦截消息是相对容易且低成本的。请注意，马洛里对消息做了两件事：她阅读并修改了消息，以便双方之间的通信继续进行而不会检测到她的存在。使用证书和PKI可以防止马洛里修改消息而不被检测到。在上面的示例中，当鲍勃对步骤3做出响应时，他使用自己的私钥对消息加密。这还不够，因为爱丽丝并不知道他的公钥，他还需要发送他的公钥。爱丽丝怎么知道公钥确实是鲍勃的？在步骤4中，马洛里使用鲍勃的公钥来解密邮件，用她自己的公钥替换鲍勃的公钥，然后用她的密钥重新加密邮件。如果爱丽丝和鲍勃正在使用证书和PKI，则鲍勃会直接发送证书和加密消息，而不是直接发送其公钥。该证书起到两种作用。首先，它包含鲍勃的公钥；其次，可以由CA验证其真实性（即CA验证证书尚未撤销并且证书没有过期，并且证书的提供者确实是鲍勃，因为鲍勃必须在CA颁发证书之前向CA证明自己的身份。）如果马洛里修改了鲍勃的消息，则爱丽丝无法解密该消息，因为爱丽丝将使用鲍勃证书中的公钥。如果马洛里用自己的证书替换鲍勃的证书，则CA会说："这不是鲍勃。"使用证书和PKI会阻止马洛里这类窃听者。现在，爱丽丝和鲍勃可以使用迪菲·赫尔曼算法来建立安全的通信通道。

在深入了解TLS之前，我们将介绍一些背景知识和历史。套接字（socket）是一种网络抽象，允许我们在不同的物理或虚拟主机上运行的两个服务之间交换数据。套接字API可以让我们打开一个连接，发送和接收数据，然后在完成以后关闭这个连接以释放资源。我们通过套接字连接发送的数据是明文，没有任何加密保护。当网络是私有的且恶意攻击者很少时，此技术是可以被接受的，但是在大多数情况下，即使在企业内部，此方法也存在无法接受的风险。

Netscape于1994年引入了安全套接字层（SSL）协议，为万维网浏览器和服务器之间的数据通信增加安全性（机密性、完整性和可用性）。SSL协议经过多个版本的演变，最终达到SSL 3.0，该版本进一步发展为TLS协议，该协议被互联网工程任务组（IETF）定义为互联网标准RFC 5246。

像许多协议一样，TLS以**握手**开始，握手是发起连接的客户端与服务端之间的消息交换。通过这种交换，双方可以协商选择与客户端和服务端都兼容的TLS协议版本，并选择双方都支持的加密算法。许多互联网协议都遵循这种协商模式，这种协商模式允许异构且独立发展的系统进行互操作。

在此握手期间，服务会将其PKI证书发送给客户端。回想一下，该证书是使用CA的私钥签名的。客户端首先使用其公钥的可信副本来解密证书，从而验证该证书实际上是由CA颁发的。接下来，客户端验证证书中列出的网站域名与客户端尝试与之通信的网站域名匹配。客户端还应检查证书尚未过期，并且CA尚未吊销该证书。服务端也可以请求客户端提供证书，并执行以上步骤以对客户端进行身份验证；但是，通常不这样做。而是使用其他应用程序级机制（例如，密码或API密钥）对客户端进行身份验证。

然后，客户端和服务端使用迪菲·赫尔曼算法来商定共享密钥，该密钥将用于在此后的会话中进行对称加密和解密通信。这里没有使用客户端或服务端的公钥或私钥。连接终止后，共享密钥将被丢弃，下一个连接将重新握手和协商加密算法的过程。回想一下迪菲·赫尔曼算法，可以生成仅在会话期间存在的临时共享密钥，从而提供完美的前向保密性。

TLS还将消息摘要添加到每个消息中。明文使用临时共享密钥加密。然后再次使用临时共享密钥对该密文进行哈希处理，以生成消息身份验证代码（MAC）。

将MAC附加到密文以生成发送的消息。接收者可以在解密之前使用MAC来验证密文的完整性。

TLS是Web浏览器和REST API使用的HTTPS（安全HTTP）协议的基础，并用于客户端与电子邮件服务器的连接以及其他用途。

这里重点讨论了TLS的一种工作模式。为了提供与SSL协议版本的向后兼容性，并在PKI和非PKI环境中提供广泛的互操作性，客户端和服务端可以在多种工作模式之间进行协商，包括不执行身份验证的模式或使用公钥来协商会话密钥的模式（放弃完美的前向保密性）。使用TLS和其他加密协议时，开发人员必须选择适当的选项。

5.7 防护：安全的Shell
Protect: Secure Shell(SSH)

另一个重要的安全协议是SSH，即安全Shell。尽管它们的名称相似，但SSH与SSL没有关系，更令人困惑的是，术语"SSH"既指协议，又指客户端（服务器应用程序）。

在老的数据中心，服务器管理是通过查看数据中心的地图以查找服务器所在的机柜和机架，然后步行到该机架去操作。每个机架都有一个拉出的抽屉，露出键盘和上翻式显示器，然后你转动拨盘开关，将它们连接到要管理的服务器上。在如今的虚拟化基础设施中，你无法物理连接到虚拟机或容器。SSH允许你在虚拟（或物理）服务器上安全地连接和执行命令。早期的互联网使用远程登录命令程序telnet、rlogin和rsh来执行远程命令，但这些程序并不安全，因此不应再使用。

SSH客户端（服务器应用程序）包括一个在虚拟机或容器上运行以接受客户端连接的守护程序，以及一个客户端。它们作为sshd服务和ssh命令内置在Linux操作系统中。Windows客户端必须使用PuTTY之类的应用程序。

SSH使用与SSL/TLS基本类似的方法：使用公钥验证服务器的真实性，迪菲·赫尔曼非对称协商共享密钥，然后使用对称加密来保护进一步的通信。但是，SSH与SSL/TLS的实现不同，可选项也不同。例如，公开/私有密钥对的格式不同，并且相同的密钥不能同时用于X.509和SSH。

一个重要的功能差异是SSH既不使用证书，也不依赖PKI。首次连接SSH服务器时，SSH客户端会向你显示服务器公钥的哈希值，并要求你确认是否与目标服务器连接。你可以检查密钥的哈希值是否与已知服务器的密钥匹配，但是大多数用户只是接受哈希并继续连接。然后，SSH客户端将密钥哈希值保存在已知的服务器列表中，并且不要求你在后续连接中确认服务器的哈希值。但是，如果稍后收到此警告，则表明服务器名称输入错误或存在中间人攻击，有恶意攻击者冒充了服务器。

这里有一个操作上的区别，是在客户端认证中对公钥的使用不同。SSH允许客户端使用密码进行身份验证，但是使用非对称密钥进行客户端身份验证更为常见。假设客户端的公钥已安全复制到服务器。当客户端发起连接，此时必须进行身份验证才能访问服务器，服务器将使用公钥对随机数进行加密并将其发送给客户端。客户端通过使用其私钥解密消息，使用迪菲·赫尔曼的临时共享密钥转换随机数，以及使用其私钥对结果进行加密来证明自己的身份。服务器使用客户端的公钥对此解密，并检查被转换过的随机数[27]。

回想一下，尽管SSL/TLS可以使用证书和公钥对客户端进行身份验证，但这并不常见。而SSH服务常常只需要配置少数用户的认证信息，这就使得使用公钥进行认证变得可行，这对于使用自动化脚本进行远程服务器操作很关键。

5.8 防护：安全文件传输
Protect: Secure File Transfer

安全文件传输应用程序有两种类型：基于TLS的应用程序和基于SSH的应用程序。

FTPS（安全FTP）是基于互联网文件传输协议（FTP）的应用程序，为安全通信添加了TLS。与FTP一样，FTPS与操作系统无关，它具有广泛的互操作性，但以牺牲功能的多样性为代价，比如没有目录列表格式。大多数Web浏览器都支持FTPS URL。当在UNIX和Windows系统之间进行互操作时，FTPS还要求客户端明确选择文本或二进制（或图像）传输模式。最后，与FTP一样，FTPS使用来自客户端和服务器的两个连接：一个用于控制，另一个用于传输文件数据。通常，两者都是安全的，但是可以选择关闭数据连接的加密，假如文件本身已经加密。请注意，纯FTP根本不是安全的——用户名和密码以明文形式发送，因此不建议使用。

SFTP（SSH文件传输协议）基于SSH第二版（SSH2）。它是一种二进制协议，

---

[27] 为了维持公钥/私钥对的保密性，随机数与临时会话密钥的转换是必要的。如果不这么做，偷听者就可以观察公钥和私钥是如何加密同一个数字的，当收集了足够多这样的信息以后，就可以通过这些信息来破解密钥。

面向UNIX系统之间的传输（尽管Windows客户端已广泛使用）。SFTP使用单个连接，目录格式是标准化的，可以自动解析。与SSH一样，可支持无密码操作，从而使其用于脚本化和自动化。

SCP（安全复制协议）最初基于SSH 1.x版本。它仅执行文件复制操作，与SFTP的区别是，不支持目录列表或其他文件操作。更高版本的SSH（例如SSH2的OpenSSH实现）将SCP实现替换为指向SFTP的链接。

你可能有一种印象，已经有许多协议和服务实现了安全连接和文件传输。但最初互联网上的通信是完全不安全的，随着各种协议的突破和计算机功能的增强，经过三十多年的发展才走到今天这样。NIST一直紧跟这些变化，查看NIST网站上的最新出版物（https://csrc.nist.gov/publications）可以了解安全协议和实现的最新动向。

5.9 检测：入侵检测
Detect: Intrusion Detection

入侵检测系统（IDS）包含软件和硬件，用于监控行为和网络流量，以检测已知威胁，并识别可疑或非典型行为。作为开发人员，你可能不负责选择、配置和操作IDS，但可能会参与响应IDS生成的警报。

IDS有两种常见类型：基于主机和基于网络。两者都寻找与已知威胁相对应的模式或特征。IDS可以包含自适应检测功能，以表征系统中"典型"或"稳态"活动的模式，并在活动模式偏离"正常"工作点时触发警报。

此外，IDS可以是被动的，也可以是主动的。被动IDS会监控并发出警报，但不会采取预防措施。主动的IDS可以用来防止攻击或阻止正在进行的攻击（后者跨界到了"响应"这个领域）。

基于主机的IDS（例如防病毒应用程序）在物理机或虚拟主机上运行。IDS扫描文件系统，并将文件签名（如上所述的哈希值）与已知攻击的签名列表进行匹配。大多数基于主机的IDS都是主动的，会主动删除（隔离）符合攻击特征的文件。它们还能防止引入/安装与攻击特征匹配的新文件。

由于基于主机的IDS通常安装在企业的每个节点上，因此它应该是虚拟机和容器的基础镜像的一部分。基于主机的IDS的威胁特征库要经常（每天甚至每天多次）更新，且IDS本身会检查更新并从供应商或开源存储库下载新特征。重新构建基础镜像可确保所有镜像的特征库保持最新。在基础设施不可改变的最佳实践中，IDS自动更新是少数可接受的特殊情况。在该实践中，你允许运行中的实例直接更新其自身的配置，而不用重新构建镜像。

基于网络的IDS通常是专用的物理计算机或设备（为此目的而优化的物理或虚拟计算机，包括预配置的应用程序软件）。它包含一个或多个以混杂模式（promiscuous mode）运行的网络接口。在混杂模式下运行的网络接口会接受来自其所处子网的所有消息，即便这些消息不是发给该网络接口。IDS发现攻击模式，例如端口扫描、失败的登录尝试或其他恶意活动。IDS还可以执行自适应检测，例如检测出某个节点之前不存在的对外连接。

基于主机的IDS和基于网络的IDS均会创建警报，并将警报输入企业的安全信息和事件管理（SIEM）系统。除了简单地发出警报之外，SIEM还允许跨多个IDS和其他网络资源（如防火墙）进行事件关联。

5.10 总结
Summary

安全性包括所维护系统的机密性、完整性和可用性。

加密技术用于保持机密性和完整性。加密技术依赖于使用密钥来加密信息和解密信息。对称密码使用相同的密钥进行加密和解密，而非对称密码使用不同的密钥。哈希用于完整性检查，但它是一种单向加密技术，不能用于解密。

公钥基础设施（PKI）基于非对称加密，其中一个密钥是公开的，而另一个密钥则是私有的。PKI是证书系统的基础，该证书系统用于验证是否连接到你认为要连接的网站。PKI还用于对邮件签名，以验证未加密邮件的作者身份。

有两种不同的安全通信协议类型：一种基于TLS，另一种基于SSH。借助SSH可以通过一台计算机远程控制和配置另一台计算机。TLS是HTTPS的基础。

入侵检测系统可以扫描网络流量，也可以扫描要下载到系统中的文件和数据。

5.11 练习
Exercises

1.编写一个生成256位完全随机数的程序。

2. 在两个虚拟机上安装SSH。设置其中一个，使其能够在不使用密码的情况下SSH到另一个。

5.12 讨论
Discussion

1. SSH有哪些使用场景？不使用证书和PKI是合理的取舍吗？

2. TLS的使用是否会影响网络IDS的有效性？在不破坏加密的情况下，你可以从TLS连接中获得什么信息？

3. 我们为什么要关心完美的向前安全性？难道现代加密算法不安全吗？

4. 再次阅读第一部分"介绍"的第一段内容，现在你了解了多少个概念？

第二部分

概　述

Introduction to Part 2

在一个下雨的周一早上，你正端着今天的第一杯咖啡走回座位，你的老板突然从背后拍了拍你的肩膀："你错过了一个长长的周末，我们的云服务提供商网络出现了故障，监控警报都炸了。我们必须手动切换到备份区域。你能用SSH连接到上周部署的服务并检查日志吗？看起来日志（log）的滚动（rollover）出现了问题。你去找Jan谈谈把证书配置好。另外，你的新任务将有外部用户，你需要熟悉一下OAuth。"可以确定的是，你的老板肯定不是要你穿着夹克衫去河里划（roll）木浆（log），但你突然感觉这个早上一杯咖啡是不够了。

第二部分讨论的是那些你可以控制的内容：微服务架构、管理部署流水线的配置、服务上线以后你需要负责的事情、灾难恢复，以及你可以控制的安全方面的问题。

第6章"微服务"讨论微服务架构。微服务架构与容器关系紧密。也就是说，将微服务体系打包到一个容器中可以简化微服务的部署，而微服务的大小意味着可以有限地使用符合容器约束的资源。我们将探讨的另一个关系是微服务和团队规模之间的关系。

第二部分主要讨论微服务技术方面的内容。先从微服务质量相关属性的性能、复用性、可修改性及可用性等方面来讨论。要理解这些与质量相关的属性，涉及微服务和它所依赖的云平台的关系。

因为微服务仅通过消息进行通信，因此用来传输消息的协议很重要。我们将讨论REST和gRPC，因为它们是在互联网上被广泛使用的技术。

最后将讨论微服务使用的通用服务。这些是公司内许多微服务的共同点，并被分解到库或其他服务中。这部分你将读到发现服务和注册服务的内容。

第7章"管理系统配置"介绍了配置管理，即存储和应用对系统与服务配置的更改。配置以脚本的形式呈现，我们将讨论系统管理和配置参数的工具和实践。

第8章"部署流水线"讨论软件部署流程相关的话题。现代实践会用到持续交付或者持续部署。部署流水线依赖不同的环境用于不同的目的。我们认为环境管理是一个重要的概念。部署流水线很大程度上依赖工具，我们将讨论不同类型的流水线工具。

我们也会讨论不同的部署策略，包括灰度部署。部署可以是全量部署或者增量部署。除此之外，还会讨论带有测试性质的部署策略——金丝雀部署和A/B测试。

接下来第9章"发布以后"将讨论系统的日志和监控。这些内容提供了对服务执行情况的可见性，并应在服务故障影响用户之前通过警报提供警告。

有时，总有一些在你掌控之外的坏事发生（例如挖掘机挖断了云服务提供商的光纤）。世界上没有哪个监控系统可以预测到这些事件。这就引出了第10章"灾难恢复"要讨论的话题。灾难恢复就是当这些事件发生时采取的一系列措施，以确保用户可以继续使用关键的服务。

第11章"安全开发"再次回到安全的话题，也是运维过程中的主要业务关注点。大多数情况下，生产环境是连接到互联网的，我们必须采取一些措施来维护数据的机密性（只有被授权的用户才可以看到）、服务和数据的完整性（未授权用户不可以修改它们）及服务的可用性（被授权用户可以在需要的时候访问你的系统）。我们也会讨论软件供应链和漏洞补丁。

我们将以第12章作为本书的结尾。这一章将简要讨论一些有趣的或者重要的但不属于之前任何一个章节的内容。

第6章　微服务

Microservices

越来越多的软件工程师被要求开发微服务。微服务和容器协同工作以实现快速部署。微服务也天然适用于敏捷开发，这是大多数组织用于开发产品的研发流程。因此，对于软件工程师来说，了解微服务的特性及其使用方式非常重要。

读完本章后，你将熟悉微服务、微服务与团队规模和团队交互之间的关系，以及微服务的质量属性特征。同样重要的是，你将熟悉微服务如何适应现代大型互联网应用程序的生态系统。你将学习微服务如何通信、如何设计微服务以防止某些类型的云故障，以及微服务在部署之后的服务发现问题。

6.1 微服务架构的定义

Microservice Architecture Defined

2002年左右，亚马逊为其开发人员颁布了以下规则。尽管术语**微服务**是后来出现的，但是核心概念可以追溯到以下规则[28]。

- 今后，所有团队只能通过服务接口暴露数据和功能。

- 团队（软件）必须通过这些接口相互通信。

- 不允许其他形式的进程间通信：不允许直接库链接，不能直接读取另一个团队的数据存储，没有共享内存模型，没有任何后门。允许的唯一通信是通过网络上的服务接口调用。

- 不限定（服务）的实现技术。

- 所有服务接口，无一例外，都必须在设计之初就考虑可以对外，并随时准备向组织外部的开发人员开放。

这些规则中，团队和服务之间的联系值得关注，我们将在稍后讨论。但首先我们将讨论这些规则的关键要素。

- 服务是基本打包单元。服务可以独立部署。独立部署意味着服务在线与否，以及访问方式能被动态地发现。我们已经看到一种发现机制（DNS），还有其他机制，而服务发现是微服务架构的重要组成部分。

- 微服务仅通过网络消息进行通信。也就是说，使用图2.1应用层中包含的协议。网络通信是微服务体系结构的固有部分。微服务架构可以追溯到2002年左右，这并不是巧合。这是云平台变得足够成熟以支持快速网络通信的时候。

---

[28] https://gist.github.com/chitchcock/1281611。

因此，数据交换协议是微服务架构的另一个重要部分，我们马上会讨论它们。

- 不限定其实现技术。集成测试发现错误的一个常见原因是版本不兼容。假设你的团队正在使用库的2.12版，而我的团队正在使用2.13版，这两个版本的兼容性不能得到保证。从根本上讲，假设你的团队希望使用Java，而我的团队希望使用Scala。这是服务可独立部署的另一个含义：只要两个团队都提供网络访问的接口，我们就不需要在开发语言上要求一致。技术的独立性源于前面提到的两点，正如我们将看到的那样，它是现代开发实践的重要推动者，所以这里还是单独列出来了。

术语"微服务架构"被广泛使用，我们将遵循该用法。从技术上讲，微服务架构实际上是一种架构风格，它对架构提出了一些约束，但是没有足够的细节来定义某个系统的真实架构。例如，架构会定义服务接口，而微服务架构本身并没有定义具体接口。

尽管微服务定义中并没有提到，但每个微服务倾向于实现单一的功能。你可以想象它是一个程序的打包机制。尽管这个比喻不太准确，但是可以帮助你思考在微服务中放些什么。围绕微服务架构设计的应用程序将由许多小型微服务相互配合而成。实际上，亚马逊的主页直接使用了多达140个服务，而这些服务需要更多的下游服务。网飞（Netflix）有800多个微服务。

小提示：微服务的发展历程

微服务架构与面向服务的架构（SOA）的关系。两者都使用通过消息进行通信的独立服务。但是，两种方法的目标是不同的。一方面，微服务架构主要用于单个组织内的应用程序，而应用程序内微服务之间的职责划分（即架构）由该组织控制。另一方面，SOA系统或应用程序由其他组织开发和维护的服务组成，或者由围绕成熟的技术（例如大型计算机）通过现代接口封装的服务组成。SOA应用程序必须集成这些已有的、难以更改的服务，因此SOA由用于集成和互操作性的元素组成，诸如服务总线、代理以及协议细节之类。

如上所述，亚马逊通常因引入这些做法而受到赞誉，许多开发人员急于复制它们。但是，亚马逊规则中的许多概念很早就在软件工程的历史中产生了。1972年，大卫·帕纳斯（David Parnas）发表了一篇题为"关于将系统分解为模块的标准"的论文[29]，认为模块（即个人或团队的工作分配单元）应在接口后面封装一组设计决策。他称为"信息隐藏"，其中信息可能包括数据结构和算法，用于实现语言以及外部依赖项。这种方法允许团队彼此独立地工作，并且可以随着应用程序的演进轻松地替换模块。鉴于帕纳斯的做法与亚马逊规则之间的相似之处，为什么要花40年才能使这种做法成为一种普遍的做法？一种可能的答案是缺乏工具和技术的支持。尽管帕纳斯的概念演变为面向对象的设计，但支持该方法的工具和技术并未扩展到更大的分布式应用程序。因为无法强制要求"仅通过已发布的接口进行交互"规则，所以在不方便使用该接口时常常使用后门。而且，没有有效的方法来打包模块，模块间共享依赖库的问题阻止了模块的独立部署。与帕纳斯提出概念时相比，2002年的环境更有利于广泛采用信息隐藏。云计算带来了虚拟机和快速网络，它们允许独立部署并要求仅通过已发布的接口访问服务。这种在20世纪70年代后期引入，作为一组实验性功能而缺乏实践的应用架构方法，随着容器的兴起备受欢迎。容器已成为微服务体系结构的标准技术，并且两者已变得相互支持和相互依赖。

6.2 微服务和团队
Microservices and Teams

亚马逊还有一个著名的"两个比萨"规则。意思是团队规模应该控制在两个比萨能喂饱的范围内（当然，这取决于团队成员的食量）。在实践中，此规则将团队规模限制为约7人。

---

[29] https://www.win.tue.nl/~wstomv/edu/2ip30/references/criteria_for_modularization.pdf。

此外，每个微服务均由单一团队所有。所有权概念在关于微服务的讨论中无处不在，这意味着团队负责微服务的整个生命周期，从最初的开发、测试和集成到错误修复、增强和持续的生产支持。"谁构建，谁运行"是对团队在微服务方面职责的简要描述。

一个团队可能拥有多个微服务，但不存在具有多个所有者的微服务。团队规模和所有权实践的结果是微服务很小。"小"是一个模糊的术语，但是5000~10000行的代码数是微服务的常见大小。每个微服务由一个团队拥有，并且团队可以选择自己的技术，这意味着团队之间的协调仅限于每个微服务的功能以及服务接口。诸如网飞（Netflix）之类的某些组织拥有独立的团队，其职责是协调团队之间的需求。无论哪种情况，有限的协调会使得团队像对待外部实体一样对待其他团队，从而进行防御性编程。也就是说，每个服务都应验证已发送的参数在语法和逻辑上都有意义。每个团队都应为不符合其当前规范的调用做好准备，并且应优雅地对待这些调用。在这种情况下，优雅是指返回一个"我不理解你的调用"的错误，而不是返回无意义的错误消息，或者更糟糕的是，仅默默地失败。

另外，微服务也会变大。随着微服务支持更多的特性，它可能会超出拥有其团队的能力。在这种情况下，微服务将被拆分。拆分的微服务的一部分保留在原始团队中，另一部分分配给另一个（可能是新的）团队。新团队必须理解那些不再由原始团队维护的部分，并且该部分可能符合也可能不符合新团队的约定。因此，即使采用微服务架构，所有可维护性的标准软件工程问题也不会消失。

6.3 微服务质量

Microservice Qualities

类似于其他架构风格，微服务架构有其独特的质量属性。这些质量属性往往是指系统的能力。其中与微服务架构相关的四个属性是性能、可用性、安全性和可维护性。本节我们将从这些质量属性、版本兼容性和可伸缩性的角度分析微服务架构。为了不失偏颇，我们按照字母顺序对这些特性进行排序，下面首先介绍可用性。

6.3.1 可用性

Availability

可用性是指微服务正在运行并随时准备执行的任务。它通常根据一段时间内正常运行时间的百分比来衡量，而计划的停机时间则不包括在此衡量范围内。例如，"四个9"（99.99％的正常运行时间）相当于一年内停机52.56分钟。停机时间可分解为MTTD（平均发现时间）和MTTR（平均修复时间）。MTTD是发现服务失败所需的时间，而MTTR是发现服务失败后修复或恢复服务所需的时间。

可用性需求的达成依赖于故障检测机制和故障恢复机制。

回忆第3.3节"扩展服务容量及可用性"中我们讨论了服务通常被部署为负载均衡器后面的多个实例，并且应该区分微服务实例的失败和微服务本身的失败。如果只有一个微服务实例，则这两种情况是相同的，但是它们具有不同的检测和恢复机制。我们可以针对这两种情况分别讨论可用性百分比、MTTD和MTTR，但是微服务的故障通常比该微服务实例的故障更为严重。

我们首先讨论微服务实例的失败。

在实践中，可能难以将表现较差的实例与失败的实例区分开。在分布式系统中，主要的故障检测机制是超时。也就是说，实例在指定时间内无法响应消息或无法发送"我还活着"的消息。无法响应或无法发送运行状况消息可能是由于基础硬件故障、软件崩溃或实例过载。在这里，我们认为最后一种情况也是失败的（从客户端的角度来看），我们将在下一节讨论性能不佳的问题。

正如我们所说，分布式系统中的基本故障检测机制是超时。为了保证可用性，必须由可以对服务采取修复措施的某个服务实体来识别超时。例如，你的浏览器在与Web服务器通信时可能检测到消息超时，但其操作仅限于重试该消息，将该消息发送到另一个服务器或向用户报告失败。你的浏览器无法修复故障的Web服务器。

在微服务架构中，负载均衡器会检测到实例故障。健康的实例会定期（通常每90秒）向负载均衡器发送"我还活着"的消息。如果负载均衡器在适当的时间未收到运行状况消息，则它会将实例放入"不正常"列表，并停止向该实例发送消息。如果最终又从实例中收到消息，则负载均衡器会将其从不正常的列表中删除。负载均衡器应记录所有这些与实例的交互。我们将在第9.2节"日志"中讨论日志记录。

这种情况下，可以通过创建微服务的另一个实例来实现从故障中恢复。如果微服务是无状态的，那么只需创建一个新实例。可以配置负载均衡器以确保始终有最少数量的实例处于活动状态，以缓解创建新实例需要一定的时间带来的压力。如果微服务是有状态的，则必须恢复微服务已保留的状态。为此，可以使用诸如Zookeeper或etcd之类的分布式协调服务。

顺便说一句，分布式协调系统的使用实质上是在微服务之间共享状态。虽然它违反了亚马逊起初关于共享内存的禁令。但实际上，共享状态对于诸如分布式锁之类的目的是必要的，当然也包括我们当前正在讨论的情况，当实例失败时恢复其状态。

如果实例在处理来自客户端的消息时失败，则不会发送对该消息的响应。

客户端将重试该消息，而负载均衡器会将消息路由到另一个实例。

发生故障的实例可能已经部分处理了客户端的消息，或者可能过载，即使它没有及时向负载均衡器发送"我还活着"的消息，它也会缓慢地完成所有消息的处理。在这种情况下，当客户端重新发送消息时，将再次对其进行处理。开发微服务时，你应该意识到消息到达两次的可能性。解决此问题的一种方法是将微服务接口设计为**幂等**的（两次处理一条消息将产生与一次处理相同的结果）。在某些情况下，微服务不可能是幂等的。同样，分布式协调服务（例如Zookeeper或etcd）可用于在微服务实例之间共享有关每个请求状态的信息。

现在假设微服务本身已经失败。也就是说，该服务的所有实例均已失败。这可能是由于网络中断，服务中的编码错误或负载均衡器中的硬件故障造成的。在这种情况下，微服务的客户端会识别出故障。可能需要执行以下三个操作。

（1）它可以将故障报告给服务发现，以便其他服务不会尝试使用发生故障的服务。

（2）可以将"断路器"设置为断路器模式，以使其不再尝试调用服务。

（3）它可以尝试一种替代方法来实现其功能。此替代方法可能会以某种方式降级（例如，使用默认值替代本该由失败服务计算的个性化值），但会允许失败的服务的客户端向其客户返回响应。

在任何一种情况下，它都应在日志中记录故障以进行监视。

6.3.2 版本兼容性

Compatibility of versions

正如我们在讨论部署时所了解到的，微服务可以被更新，可能添加新特性或更改其接口，而不需要更新其客户端。支持独立更新引入了版本兼容的要求。

微服务通过向前和向后兼容来实现版本兼容性。它通过不更改接口而仅创建新的扩展接口来实现向后兼容性。图6.1显示了暴露给客户端的接口和内部接口之间的转换层。也就是说，假设你已向微服务添加了新特性，并且此新特性需要的额外信息未包含在之前的接口里。在不更改现有接口的情况下扩展接口以包含此新信息，将允许那些尚未更新的客户端继续调用微服务而不会产生错误。它将允许那些已更新的客户端使用新接口。有了转换层，你可以自由地以任何方式来构建微服务，通常只要使用转换层即可将其从外部接口转换为内部接口。

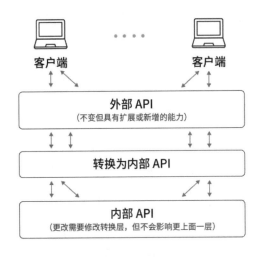

图6.1 使用转换层扩展接口

前向兼容性意味着在处理不存在的方法调用时应保持优雅。该服务应该返回微服务不理解该调用的代码指示，而不是某种形式的失败。然后，客户端可以区分真正错误和尝试使用尚不支持的功能。客户端可能决定使用较旧版本的接口重试请求。这种方法也适用于微服务作为客户端调用其他服务的场景。返回值指示该方法不存在，允许微服务在必要时采取补救措施。

在某些情况下，服务的两个版本之间的区别只是该服务消费或产出的数据类型不同。例如，视频流服务的版本1可能只传送标准质量的视频，然后版本2增加了传送标准或高清视频的能力。如果你期望演进这种类型的服务，则可以使用一种称为能力协商的机制。在使用能力协商的接口中，客户端的请求包括其可以在响应中接受的数据类型的列表，并且服务端选择在响应中提供的最佳数据类型。你也可以应用功能协商来选择客户端提供的数据类型，尽管这需要两个请求，因此可能需要使用黏性会话，如第3.3节"扩展服务容量及可用性"中所述。在第一个请求中，客户端提供了可以提供的数据类型的列表，并且服务以其首选类型进行响应。在第二个请求中，客户端使用选定的数据类型提供数据。

6.3.3 可维护性

Modifiability

我们讨论的前两个质量属性，即可用性和版本兼容性，是单个微服务的开发人员可以实现的。相比之下，可维护性是应用程序的属性，它使得你可以轻松方便地更改应用程序内的微服务。尽管你可以作为单个微服务的开发者对此做出贡献，但是实现可维护性通常需要多个微服务所有者之间的协调或需要应用程序架构师做的工作。

敏捷实践要求及早且频繁地交付，任何长期存在的系统都必须响应用户需求、环境和技术的变化。软件工程师的许多工作涉及对现有系统进行更改，而具有高可维护性的应用程序通过限制受变更影响的微服务的数量，让变更变得更加容易。可维护性的传统度量是耦合和内聚。你希望在微服务中具有较高的内聚性，而在任何两个微服务之间具有较低的耦合性。当每个微服务提供定义明确的功能并且该功能与其他微服务提供的功能具有最小的重叠时，即可实现。每当其中之一更改时，功能的重叠将要求修改多个微服务。关于如何为微服务分配功能以及一个微服务如何依赖于其他微服务的决策将超出单个开发人员的范围，并且如上所述，需要进行跨开发团队的协调或由架构师在整个应用程序的层面进行决策。

随着应用程序的演进以及微服务被多个应用程序使用，微服务体系结构中服务的激增带来了另外一个问题。当要进行变更时，识别受该变更影响的所有微服务变得更加困难。你的组织必须具有将变更分配给微服务的流程。该流程将涉及维护微服务及其功能的目录，也将涉及对系统有整体了解并了解微服务之间交互作用的人员。例如，Netflix有专门团队负责在微服务责任团队之间的协调。这涉及向单个微服务分配功能或修改，也包括协调接口规范和约定。

6.3.4 性能

Performance

微服务性能的两个基本衡量指标是延迟和吞吐量。延迟是指需要多长时间来响应请求，吞吐量是指有多少请求可以在给定时间内进行处理。对于单个微服务实例，这两个指标的关系是：

吞吐量=1/延迟

但是，大多数微服务包含在负载均衡器后面运行的多个实例中，所以延迟和吞吐量之间的关系变得更加复杂。一般情况下，减少延迟会增加整体的吞吐量。此外，在大多数情况下，可以通过添加更多实例来增加吞吐量，而与延迟无关。然而，可能存在总吞吐量或延迟被另一依赖的微服务的性能所限制的情况。

延迟和吞吐量可直接由微服务通过使用内部时钟来测量。我们之前说过，时钟时间在两个不同的物理设备之间可能有所不同。由于托管单个微服务实例的容器在一台物理设备上运行，根据设备的时钟测量是一致的。

除了微服务处理请求的数量和发送响应所花费的时间外，还有两个重要的指标。如果所有请求都通过网络传输，那么消息从客户端发送到微服务的过程中，通过网络传递的时间就很重要。由于此指标使用两个物理设备（客户端和微服务实例）上的时钟，因此你必须能够判断时钟同步的准确性，以评估此测量的质量。第二个指标适用于使用消息队列服务作为负载均衡机制的微服务，如第3.3节"扩展服务容量及可用性"中所述。在这种情况下，你还想测量一条消息在被处理之前花费在队列中的时间。

另外，花费在序列化和反序列化消息上的时间会影响微服务的总体延迟和吞吐量。最后，还有一些间接功能的时间开销，例如发现依赖的微服务的IP地址，发送运行状况检查等。所有这些时间都可以直接测量，并且可以记录下来以进行监视。

此时引出以下两个问题。

（1）延迟和吞吐量应该是多少？

（2）如果不满足这些要求，我该如何改进？

设定合适的目标延迟取决于微服务的使用场景和它在应用程序中的角色。例如，用户对于他们的请求的响应延迟是有预期的。有些请求用户看起来很简单直接，那么就应该保持低延迟。其他请求似乎很复杂，而用户愿意接受非即时的响应。如果微服务处于直接响应用户请求的路径，则需要确定用户是否期望即时响应。如果真是这样，对人类感知的研究发现，用户可以感知到的响应的瞬时延迟小于约200毫秒。为了达到这一目标，你需要了解其他微服务有多少是在响应路径上的，你需要分配整个服务的延迟预算，以满足整体目标。你还可以使用微服务或类似微服务的历史延迟测量数据来确定延迟预算。

如果不能满足你的时间预算，降低微服务的响应延迟的第一步是确定时间被消耗在哪里。努力优化仅占所用时间的10%的微服务的一部分，不会在延迟方面有很大的改善。重点放在花费时间预算大的地方。请记住，处理器和磁盘可能会全部或部分失效，从而影响软件性能。尝试在其他物理设备上运行微服务，可以明确是代码的问题还是硬件的问题。

我们推迟几个相关问题的讨论：在哪里记录度量数据，以及微服务多个实例的同时运行如何影响性能的度量。我们将在第9.2节中讨论这些话题。

6.3.5 可重用性

Reusability

长期以来，代码重用一直是软件工程的圣杯。但是，与许多其他绝对真理一样，重用代码的欲望也必须有所克制。重用的优点是，该代码并不需要重新开发，从而可在开发过程中节省时间，以及在单点上保持正确有助于当修复问题的时候节约时间。

我们需要区分架构层面的粗粒度重用和代码层面的细粒度重用。每个微服务都由一个团队拥有，因此对于该团队来说，要重用来自另一个团队的代码（细粒度的重用），该团队必须发现代码，验证代码是否适合他们的预期用途，如果不能，需要对其进行修改。所有这些都需要时间，这取决于被重用代码的多少，也可能重新开发一遍更快。

粗粒度重用涉及在另一个应用程序中重用整个微服务。重用的一个挑战是应用程序组成元素的依赖项之间的兼容性。例如，如果我的服务依赖于一个数据访问库的某个版本，而你的服务则依赖于该库的较早版本，当使用这两个服务的应用程序时，那么在打包和部署时都需要格外小心你的依赖项。在使用容器打包和部署单个微服务风格的应用程序体系结构中，你的依赖项都被在相互隔离的容器内部得到满足，从而最大限度地减少了重用带来的依赖关系管理问题。

粗粒度重用的另一个问题是分配给每个微服务的功能数量。当使用微服务架构设计应用程序时，一个关键的决定是采用大扇出量还是小扇出量。扇出量是指微服务直接请求所依赖的子服务的数量，如图6.2所示。一方面，在扇出量较大的设计中，每个微服务都有许多个子服务，并且请求链通常很短。因为这减少了消息传递的次数，所以这种方法有利于提高性能（降低延迟）。另一方面，在扇出量较小的设计中，每个微服务的子服务数量都很少，请求链可能很长，且延迟增加。这种设计可以在调用链的微服务之间分配功能，以提高可重用性。因此，要在性能和可重用性之间进行权衡。

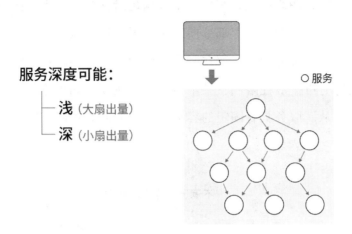

服务深度可能：

├─ 浅 (大扇出量)
└─ 深 (小扇出量)

○ 服务

图6.2 服务扇出

当计算复杂且任务关键时，例如某个特定账户上欠了多少钱，单点正确性对于可重用的价值会显现出来。在这些情况下，重要的是在整个组织中的任何情况下都必须执行实现相同的计算。对于关键计算任务，应该有一套全面的测试用例。如果团队选择复制它，则复制的版本要通过同一套测试用例，就好像他们复用其他团队的代码一样。关键计算任务的正确性依赖于测试用例，而不是任何特定的实现。

6.3.6 可伸缩性

Scalability

可伸缩性是指微服务可以添加资源，以服务更多请求。通常以增加目标容量所需的额外资源（处理器、内存、存储等）的成本来衡量。如果成本是容量的线性或次线性函数，那么服务是"可伸缩的"。线性伸缩的一个示例是，为服务增加请求处理能力需要将其分配的VM数量增加一倍，成本最多也增加一倍。图6.3中的阴影区域表示容量增长满足可伸缩性要求的区域。如果在扩展服务时成本增加并且停留在阴影区域，则你的服务满足可伸缩性要求。图中显示了来自两个不同系统的样本曲线。上部分曲线超出了阴影区域，其来自不满足可伸缩性要求的设计。下部分曲线保留在阴影区域内，来自满足可伸缩性要求的设计。许多系统都有可扩展性限制：某个容量值。例如，如果你的服务依赖于从属服务，并且该从属服务具有固定的容量，则你的服务不能扩展到超过从属微服务的容量。

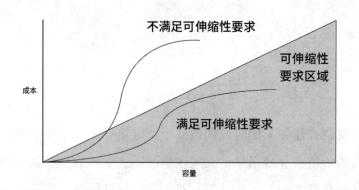

图6.3 如果在增加容量时其成本保持在阴影区域，则服务将满足可伸缩性要求

在微服务架构中，可扩展性是通过向外扩展实现的。额外的资源来自添加VM，而不是像我们向上扩展时那样，使用功能更强大的VM代替当前的VM。如前所述，如果服务是无状态的，则为服务添加更多实例很容易，如果服务是有状态的，则添加难度更大。

6.3.7 安全性

Security

正如我们在第5.1节中所讨论的那样，最好用CIA（机密性、完整性和可用性），即首字母缩写来记住安全性。机密性意味着只有授权用户才能看到信息，完整性是指信息只能由授权用户修改，可用性是指服务可供授权用户使用。

安全是一个复杂的主题，有很多细微之处。我们将在第11章"安全开发"中更详细地讨论安全开发实践。目前，我们列举了你作为微服务开发人员应使用的一些方法。

• 使用HTTPS代替HTTP。HTTPS使用TLS（第5.6节"防护：传输层安全性"）对通过因特网发送到Web服务器和从Web服务器发送的通信进行加密。由于该流量易于窃听，因此应对其进行加密以保持机密性和完整性。

• 立即打补丁。大多数复杂的软件都有安全漏洞，供应商或开源项目会不断地发现这些漏洞并发布补丁。恶意攻击者试图利用新发现的漏洞，因此你应该立即应用这些补丁以保护你的服务。在第11章"安全开发"中，我们讨论了CVE（通用漏洞枚举）知识库，该知识库列出了各种软件包中的已知漏洞。

• 及时删除未使用的资源。失去对云上虚拟机的跟踪很容易。**VM蔓延**是指拥有太多VM，以至于你无法对其进行跟踪。除了这些资源的运营成本外，当你失去对VM的跟踪时，它不会得到修补，其漏洞仍然存在。获得对被遗忘且未打补丁的VM的访问权限可以为恶意行为者提供敏感信息或凭据，这些信息或凭据可用于入侵活动VM。

• 不要自己编写安全敏感的代码，例如密码管理器。与安全敏感相关联的代码有许多细节，市面上有许多经过认证的软件包提供这些服务。

• 不要将凭据嵌入代码或脚本中。我们将在第11.2节"管理访问服务的凭据"中讨论凭据管理。将凭据嵌入脚本中会使修改凭据变得困难，并且任何有脚本访问权限的人都可以访问这些凭据。例如，将带有凭据的脚本放到Github中的操作经常发生，因此，有些监视器会检查提交内容，并在出现提交包含凭据的情况时发出警告。

6.4 服务等级目标

Service-Level Objectives

公司和用户依赖应用程序，并且当应用程序无法提供所需的功能时，公司的业务可能会受到影响，或者用户可能无法获得他所付费的服务。为了帮助降低这种风险，公司/用户与开发/交付他们所依赖的应用程序的公司建立服务等级协议（SLA）。SLA用于定义度量标准（例如，针对应用服务的请求延迟）和阈值（例如，99%的请求将在300毫秒内收到响应）。典型的协议将包含许多这些度量标准/阈值要求。如果客户不是公司内部客户，则这些SLA可能是法律合同的一部分，并且如果你的应用程序不可用、不安全或性能不佳，则开发/交付公司可能需要向客户赔偿。

因为打破SLA对于开发/交付公司来说是一个重大事件，所以大多数公司将满足SLA的需求分配到应用程序内的服务，作为服务等级目标（SLO）。由于SLO用于内部监控，因此SLO通常比满足SLA的需求更严格。如果你只是打破了SLO，可能还有喘息的机会。SLO来自定期监控。当新版本的服务投入生产时（以分钟为单位），监控会密集些；当服务成功运行时（可能是每天一次），监控会稀疏些。

你的服务可能有多个SLO，每个SLO监视不同的功能路径或服务能力。SLO几乎都是可用性或性能指标。你的SLO指标将定义服务必须提供的最低记录级别，并且可以打开更广泛的记录来收集有关性能欠佳的数据。正如我们很快将要看到的，SLO的测量应直接进行。例如，如果SLO与延迟有关，则测量延迟；不要使用间接措施。术语仪表化和遥测经常用于在执行软件过程中度量值的记录。仪表化是指提供度量数据，将仪表放置在软件中。遥测意味着将仪器收集的数据自动发送到记录站点。例如，如果你佩戴诸如Fitbit之类的智能手表，则说明你已经进行了自我检测，并将其观察到的数据（遥测）发送到记录地点，随后可以对其进行查看。

一些典型的SLO包含以下两个。

- 延迟和吞吐量。从消息到达服务再到返回响应之间的时间。记录到达时间与响应时间可以计算延迟和吞吐量。

- 请求达成率。在到达时记录请求以及在响应时是否获得满意的服务是一种可用性度量。

请注意，可以通过在消息接收和消息响应时记录信息来确定这些SLO。生成的记录太多将对性能产生影响，而生成的记录太少将无法为你提供了解服务性能所需的信息。

上面的SLO是示例，什么样的SLO度量合适，取决于你开发的微服务类型。面向客户的微服务将延迟和可用性用作SLO度量，而执行大数据分析的微服务则使用吞吐量度量。由于适当的SLO度量通常是企业关心的问题，因此公司业务部门的意见将很有帮助。

在第9.2节中讨论的监控软件使用微服务记录的数据作为其基本输入。

6.5 微服务环境
Microservices in Context

你开发的微服务不是孤立存在的，它必须与其他微服务交互。微服务被设计和打包以支持快速部署，并保护自己免受某些类型的云故障影响。微服务还必须被其他微服务发现并且能够与其他微服务通信。这些正是我们在本节要讨论的主题。

下面首先讨论微服务如何发现它所依赖的服务。

6.5.1　微服务发现

Discovering Microservices

微服务可以独立部署。如果你的微服务依赖于别的微服务，那么你无法对被依赖的微服务的地址（其IP地址）做出任何假设。你的微服务必须"发现"被依赖的微服务的地址。DNS是一种发现方法，但正如我们在第2章"网络"中所讨论的那样，DNS仅提供故障转移和负载均衡的基础能力。取而代之，需要一个单独的中间层发现服务用于此目的。之所以称为"中间层"，是因为它并不作为独立服务被应用程序使用（如DNS的主要目的），而是在应用程序内部用于查找服务和服务实例。

让我们回顾一下中间层服务发现所解决的问题。DNS主要设计用于IP地址不变的服务，回忆在DNS中更改服务的IP地址需要花费时间才能传播。一些客户可能会先于其他客户看到更改，这可能需要对代码进行特殊处理。我们已经讨论了DNS用于负载均衡，然而，只是在一组稳定地址之间做负载均衡。如果DNS服务器在本地，则一切都还可控，但是更改从主机名到IP地址的映射仍然需要较大的开销。

负载均衡器可在一组相同实例之间分配请求，但是在处理动态容器（如基于云的体系结构中的动态容器）时，它有两个缺点。首先，负载均衡器针对性能进行了优化，而诸如运行状况检查和实例注册或注销等功能优先级较低。其次，使用负载均衡器不能解决服务发现问题，你的服务客户端仍必须发现负载均衡器的IP地址。

中间层服务发现结合了DNS和负载均衡器的功能。与DNS一样，使用服务名称访问中间层服务发现（例如Eureka或Consul），并返回该服务的IP。但是，与典型的负载均衡器不同，中间层服务发现已优化，除消息分发外，还可以处理实例注册和故障。中间层服务发现通常是我们下面讨论的服务网格的一部分。

某个服务访问服务发现，向其请求指定名称服务的IP地址。服务发现包含三个部分：返回什么，如何知道该返回什么，以及其他功能。

（1）服务发现充当DNS和负载均衡器的组合。也就是说，向其提供服务的名称，并返回IP地址。它返回的IP地址不是负载均衡器的地址，而是请求的服务实例的地址。然后，发送请求的服务将直接访问指定的服务。使用DNS时，会将名称发送到DNS服务器（URL），并返回负载均衡器的IP地址。将一条消息发送到负载平衡器，该消息将被转发到实例。使用中间层服务发现时，会将名称发送到发现服务（所需服务的名称），该服务返回实例的IP地址。两个连续的请求将返回两个不同的实例IP。从而实现负载均衡，此外，服务发现负责检测故障并在发生故障的情况下转移请求。

（2）中间层服务发现维护这些实例的服务名称和实例IP的列表。这需要注册实例。实例可以在初始化时注册自己，或者通过部署工具注册。该部署工具可能是我们在第3.3节"扩展服务容量及可用性"中讨论的自动伸缩的监视器。

（3）由于发现服务是向实例发送消息的控制器，因此除了发现之外，它还可以用于其他功能。例如，可以使其具有版本意识，以支持部分部署和回滚。我们将在第7章"管理系统配置"讨论部分部署和回滚。

6.5.2 在分布式系统中发出请求

Making Requests in a Distributed System

现在，我们考虑微服务如何交换消息以进行交互。成功的通信首先需要客户端和服务端之间达成共识，理解消息接收方将要执行操作的含义，例如读取或写入数据存储。然后，成功的通信需要就如何解释消息中包含的变量数值达成共识，例如要写入数据存储的值。下面我们深入讨论一下。

在你的服务中，你将代码组织为函数和类，通过方法调用在代码块之间转移执行控制。因为所有这些都发生在单个进程空间中，所以很直观。在分布式系统（如基于微服务的体系结构）中，调用另一个微服务上的函数会更复杂，因为所需的信息必须打包在通过网络发送的消息中。在现代软件系统中，有两种常见的机制：**远程过程调用**（RPC）和**表现层状态转换**（REST）。

远程过程调用

远程过程调用（RPC）于1995年由互联网工程任务组（Internet Engineering Task Force，IETF）首先标准化为RFC-1831，随后于2009年由RFC-5531更新为RPC 2.0。RPC消息包含四个元素。前三个元素分别用于标识远程系统上的程序（服务）的整数、远程程序版本的整数以及远程过程（即函数或方法）的整数。第四个元素是一个无类型的字段，其中包含请求参数或响应结果。下一节将考虑如何处理该无类型的字段。首先，我们重点讨论前三个元素。

在编写的代码中，使用名称来标识类和方法，然而RPC使用数字。程序标识号是由互联网分配号码授权机构（IANA）分配的，我们在第2.2节中介绍了该机构。使用数字代替名称是出于效率的考虑（1995年，网络速度很慢，传输的每个额外字节都降低了应用程序的速度），并且集中和控制数字的分配可以确保不同组织开发的服务在部署到同一应用程序时不会发生冲突。你可以控制服务中版本号和过程号的分配。实际上，这三个数字通常由访问库封装，该访问库允许你按名称引用服务和过程。

远程过程调用会在客户端和服务端之间形成强约束。双方必须就服务将实施哪些程序（方法）以及这些程序的编号方式达成一致。如上所述，版本号可以帮助检测不兼容。

RPC标准没有说明客户端如何发现服务地址。最初，客户端使用静态配置信息来定位服务，但如今使用的是典型的微服务发现方法，例如上面在第6.5.1节"微服务发现"中讨论的方法。RPC标准也未指定如何将消息从客户端发送到服务端。消息传输的一种选择是TCP（或TLS，假如我们想提高安全性），如第2章中所述。另一种常见的方法是消息队列服务。最后，某些RPC实现使用HTTP POST请求来发送请求和响应。RPC标准还包含用于身份验证和优化的方法，例如将多个过程调用请求或响应打包到单个消息中。

通常，RPC请求可以是有状态的或无状态的。有状态请求取决于客户端先前对服务发出的请求。这就像你用来开发服务的典型编程范式一样。例如，你必须先打开一个日志文件，然后才能对其进行写入。

近年来，Google的RPC实现（称为gRPC）已广泛应用于微服务之间的通信。gRPC在HTTP 2.0上运行，并使用Protocol Buffers（如下所述）为请求参数和响应结果构造无类型化数据块。

表现层状态转换

RPC要求客户端与服务端的耦合相对紧密，这在单个组织的范围内是可能的。20世纪90年代后期，随着互联网和万维网的发展，这种程度的耦合变得不可能实现——为Web上的每个服务都拥有一个定制客户端是不现实的。罗伊·菲尔丁（Roy Fielding）在他参与HTTP/1.1协议制定工作的同时构思了一种方法。他的REST架构风格允许客户端和服务端之间非常松散的耦合。

REST的关键要素包含以下几方面。

• 请求都是无状态的。也就是说，协议中没有假设从一个请求到下一个请求之间保留任何信息。每个请求必须包含执行该操作所需的所有信息，从而导致请求包含很多信息。或者客户端和服务端协商在某个地方维持必要的状态。如前所述，无状态调用支持可伸缩性和可用性。

• 交换的信息是文本信息——服务和方法按名称访问。Web从一开始就被设计为异构的，不仅跨不同的计算机系统，而且跨不同的信息二进制表示形式。REST比RPC出现得晚，并且网络已经改进到不必使用整数ID来降低性能的地步。

• REST将方法限制为PUT、GET、POST和DELETE。这些映射到CRUD的数据管理概念（创建（或初始化）、读取、更新和删除）中。一个REST请求标明了需要操作的资源，并且像RPC一样，请求和响应包含带有参数或结果的数据。但是，与RPC不同的是，客户端和服务端必须提前就该元素的内部结构达成一致，REST要求该元素通过使用互联网媒体数据类型（或MIME类型）进行标记来进行自我描述，以便任何接收者都知道如何解释数据。

严格来说，REST体系结构样式没有指定将消息从客户端发送到服务端的机制。但是，如上所述，HTTP/1.1协议是REST的第一种实现。从业者发现不需要创建其他实现，因此今天的REST和HTTP实质上是同义词。[30]

尽管RPC偏向于高性能，在编程风格上，允许分布式服务被访问库包装，并像本地服务一样被调用，但是REST促进了互操作性并实现了客户端和服务端的快速和独立发展。两者都广泛用于构建基于微服务的应用程序：RPC用于应用程序中易于理解的服务之间的交互或性能敏感的部分，而REST用于面向最终

---

[30] 作者这里讲的 REST 和 HTTP 是同义词，是一种广泛意义上的对比。严格来讲，REST 是基于 HTTP 协议的一种数据交换的原则。—译者注

用户的服务和发展更快的领域。

6.5.3 结构化请求和响应数据

Structuring Request and Response Data

RPC和REST中的请求和响应均包含客户端和服务端必须解释的数据元素。这些数据必须打包为通过网络发送的消息。由于客户端和服务端可能不会共享相同的编程语言或操作系统，因此我们需要一些机制来格式化和结构化数据。

将编程语言中使用的表示形式（例如，对象、字典、数组等）的数据转换为可以作为请求的一部分发送到远程微服务的格式的过程称为序列化（marshaling），而将请求或响应的数据转换回你的编程语言表示形式的过程称为反序列化（unmarshaling）。正如我们将在下面看到的那样，在请求中用于表示数据的协议将影响序列化和反序列化的性能和所需的资源。

下面讨论最常用的数据结构协议。我们按照出现的历史顺序介绍这些协议，因为每种协议设计都是对前代产品缺陷的一种改进。

可扩展标记语言

可扩展标记语言（XML）于1998年由万维网联盟（W3C）标准化。XML在文本文档中添加注释。这些注释称为标记，通过将信息分成块或字段并标识每个字段的数据类型来解释文档中的信息。XML源于一种称为标准通用标记语言（SGML）的早期标记语言。SGML因为被应用于解决许多不同类型的问题，所以变得越来越庞大和笨拙，包括用于排版和可视化格式的标记、用于信息检索的标记以及可互操作的数据交换。XML是SGML的一种简化形式，用于对万维网上的文档进行编码，使其既可供人阅读，也可供机器阅读。[31]

XML是一种元语言：开箱即用，除了允许你定义用于描述数据的自定义语言外，它什么都不做。你的自定义语言由XML模式定义，XML模式本身就是一个XML文档，该XML文档指定你将使用的标签、用于解释每个标签所包含字段的数据类型以及文档的整体结构。XML模式提供了指定非常丰富的信息结构的功能。例如，考虑如何描述美国的邮政地址：

> 地址应包含门牌号和街道名，以及可选的公寓号，或者它只能包含一个邮政信箱号码。但是在任何情况下，它都应包含城市、州和邮政编码，并且邮政编码正好是5位或9位数字。

XML模式允许你通过枚举每个字段提供的所有变体来声明性地表达这些类型的结构。在XML文档中，每个字段都由开始标记和结束标记定界，并且字段可以嵌套。网页https://schema.org/PostalAddress显示了邮政地址的XML模式，以及表示地址的XML文档的示例。该示例突出了对XML的普遍批评：文档冗长（此处太冗长，以致无法在这里展示），并且标记所需的文本量可能大于你要描述的数据。

XML文档可用于许多结构化数据的场景。在这里，我们专注于分布式系统中的请求和响应数据，其他用途包括表示图像、业务文档和静态配置文件（例如，MacOS属性列表）。

XML的优点之一是可以检查文档以验证其是否符合模式。这样可以防止由于文档格式错误而导致的故障，并且消除在读取和处理文档过程中进行某些错误检查的必要。而XML的缺点是解析和验证文档在处理和存储上变得相对昂贵。必须先完整阅读文档，然后才能进行验证，并且可能需要多次读取才能反序列化

---

[31] SGML 也演变成了 HTML，它使用标记来编码网页浏览器应该如何显示信息。

（unmarshaling）。再加上XML的冗长性，可能会导致无法接受的服务性能损耗。

JavaScript对象标记

JSON（JavaScript Object Notation，JavaScript对象标记）将数据构造为"名称/值"数据对和数组数据类型。该符号起源于JavaScript语言，于2013年首次标准化，且JSON独立于任何编程语言。与XML一样，JSON虽是文本表示形式，但是与XML不同，JSON没有定义模式用于校验文档结构。JSON使用名称/值表示而不是开始标记和结束标记，可以在读取JSON文档时对其进行解析，并且读取程序负责XML模式提供的大部分错误处理。

JSON数据类型派生自JavaScript数据类型，类似于任何现代编程语言。这使得JSON的序列化（marshaling）和反序列化（unmarshaling）比XML更高效。该记录方法最早是在浏览器和Web服务器之间发送JavaScript对象，例如，让浏览器和Web服务器之间轻松地传递会话状态来实现有状态的交互。

网页https://schema.org/PostalAddress提供了以JSON表示的邮政地址示例。

Protocol Buffer

我们将讨论的最后一种数据结构协议是Protocol Buffer。这项技术起源于Google，在内部使用了几年，直到2008年才作为开源项目发布。

与JSON一样，Protocol Buffer使用与编程语言数据类型相近的数据类型，从而使序列化和反序列化效率更高。与XML一样，Protocol Buffer消息具有定义有效结构的模式，并且模式可以指定必需的、可选的元素以及嵌套元素。但是，与XML和JSON不同，Protocol Buffer是二进制格式，因此它们非常紧凑，可以有效地使用内存和网络带宽资源。在这方面，Protocol Buffer可以追溯到更早的称为抽象语法标记1（Abstract Syntax Notation One，ASN.1）的二进制表示形式，它起源于20世纪80年代初期，当时网络带宽是一种宝贵的资源，一点也不能浪费。

Protocol Buffer开源项目提供了代码生成器，可以让你轻松地使用具有多种编程语言的Protocol Buffer。你可以在协议声明文件中指定消息模式，然后由特定语言的Protocol Buffer编译器进行编译。编译器生成的程序，被客户端用来序列化数据，被服务端用来反序列化数据。此外，编译器还可以生成日志来记录调用，以便可以自动记录通过Protocol Buffer传输的所有数据。

客户端和服务端可以使用不同的语言编写。每个人都可以使用针对其语言的Protocol Buffer编译器。由于Protocol Buffer编译器支持多种不同的语言，因此可以使用你选择的语言来编写客户端和服务端。微服务的优势之一是技术选择的独立性，如团队间选择不同的语言。使用Protocol Buffer不会改变这种独立性。

网　页　https://github.com/mgravell/protobuf-net/blob/master/src/protogen.site/wwwroot/protoc/google/type/postal_address.proto包含使用Protocol Buffer表示的邮政地址示例。

尽管Protocol Buffer可用于任何数据结构场景，但它们大多用作gRPC远程过程调用协议的一部分。

6.5.4 服务网格

Service Mesh

正如我们所讨论的那样，分布式系统引入了单机应用程序中看不到的需求。这些需求包括分布式系统各元素之间的通信、系统中元素的注册和发现、分布式协调服务以及配置参数的全局管理。

当面向服务的体系结构（SOA）流行时，这些功能被打包在称为企业服务总线的基础架构服务中。首次引入云时，一些供应商将这些服务（与其他服务）打包在所谓的**平台即服务**（PaaS）中。选择使用PaaS是一项重要的设计折中。

一方面，云服务提供商能确保PaaS交付的基础架构服务将具有高性能、可用性、可伸缩性和安全性，并且将提供SLA来记录这些保证。另一方面，与你重复使用的任何其他软件一样，PaaS提供的API可能不是最适合你的服务的，PaaS中可能未提供你需要的某些功能，或者使用PaaS的价格可能对于你的应用程序的成本模型来说太高。

这催生了一种称为服务网格的技术，该技术将实用功能直接打包到微服务的应用程序内。服务网格与早期的包装方法的区别在于与容器的联动。服务网格依赖于Pod，Pod是容器管理系统的特性，它允许将多个容器一起部署和伸缩。举例来说，服务网格包括注册服务。它包装在一个容器中，构建服务将该容器的一个实例放置到每个包含可被发现的微服务的pod中。由于注册服务和微服务在同一个容器中，因此它们之间的通信非常高效，因为消息不会发送到网络上。此外，容器管理服务可确保pod中的所有容器彼此可用，因此微服务代码不必处理发给注册服务的消息失败的情况。服务网格结合容器Pod极大地简化了微服务开发人员的使用。[32]

微服务除了支持核心业务外，还必须支持其他服务，例如注册、日志和服务发现。下面列举可能被微服务使用的平台服务的不完整清单。公司可以调整这份清单，并通过将这些平台服务作为附加服务或者框架将其标准化。这里，标准化和可重用是显而易见的。作为开发人员，你不会因为不同的微服务使用不同的平台服务而需要额外地学习。由于这些服务非常复杂，因此你的组织可以集中其资源来创建可靠的业务实现。当平台服务确实发生故障时，在你的应用程序中通用行为的单一实现可以让调试更简单。使公共服务可配置将提供更好的灵活性，但也要求开发人员进行额外的配置。应该在服务网格中的公共服务如下。

---

[32] 严格来讲，服务网格并不依赖 K8S，即不依赖 Pod，甚至不依赖容器。Istio（https://istio.io）是目前流行的服务网格平台，支持在容器、虚拟机上运行。—译者注

- gRPC。在上一节中，我们讨论了gRPC和Protocol Buffer。将它们放置在服务网格中，可轻松从微服务中使用这些功能。

- 服务发现。发现服务使微服务能够如上所述地定位依赖服务的网络地址。

- 注册。如果微服务想被发现，则每个实例必须首先注册自己，以说明其地址是什么。微服务实例必须在服务发现中注册。如上所述，可以将三个相关的服务（负载均衡、服务发现和注册）组合到一个平台服务中。Netflix的开源软件包Eureka包括此类服务。如果你的组织不使用中间层服务发现，则微服务实例必须向负载均衡器注册自身或由其他工具独立注册。

- 配置。配置参数用于控制微服务的可定制部分。这些参数包括云设置（例如安全设置）和用于访问外部服务的设置。这些参数还包括国际化设置，例如语言和颜色使用。在服务网格中只有一个服务，所有微服务都使用该服务来获取其配置参数，这在不同的微服务之间实现了统一性。我们将在第7.3节"配置参数"中讨论配置参数以及如何更详细地管理它们。

- 分布式协同服务。在第3.4节"分布式协同"中，我们讨论了分布式协同问题。服务网格应包括基础架构服务，然后解决该问题。每当需要与另一个微服务同步时，或者当微服务的两个实例需要共享状态时，都应该对少量状态使用分布式协同服务，或者对大量状态使用持久性存储。

- 日志。通用日志记录服务可在日志中提供统一性，从而简化故障排除和事件响应。日志消息应包含标识信息，例如源ID、任务ID、时间戳和日志编码。每个服务实例的日志都通过网络发送到单个日志存储库。将该服务放置在服务网格中，有助于确保提供所有期望的信息，并且以通用格式生成日志可以为你的分布式应用创建一个统一的视图。

- 追踪。不同的场景对微服务的内部执行要求不同的观察级别。跟踪服务允许在运行时打开或关闭这些不同的级别。

- 指标。在本章前面我们讨论了SLO，这些代表了确定微服务是否按预期运行的关键指标。该服务网格提供的服务将接收指标值，并与负责显示指标的仪表盘服务进行交互。

- 仪表盘。仪表盘创建了收集的关于每个微服务相对于其SLO行为的指标的简明显示。跨所有微服务的通用仪表盘服务可确保以相同的方式显示信息，而不管其来源如何，并帮助开发人员或监控微服务的其他人员理解这些数据。例如，度量值可以编码为红色、绿色或橙色，以反映相对于SLO是可接受、不可接受还是处于临界状况。当指标从绿色到橙色再到红色时，仪表盘服务可以自动提供更多详细信息。

- 警报。警报触发呼叫器（寻呼机）[33]。设置警报触发的值并管理警报路由，使微服务可以监控自身并在事件需要立即引起注意时通知相关人员。

我们将在第9.2节"日志"中详细讨论监控。从微服务的角度来看，可以通过PaaS或服务网格连接到这些监控功能。

6.5.5 微服务和容器

Microservices and Containers

正如我们在本章前面讨论的那样，尽管容器和微服务是独立产生的，但是它们很适配。微服务仅通过消息通信，而容器也只能通过基于消息的网络接口访问。此外，不断发展的容器编排机制，正在推动微服务的使用。

在第4章"容器管理"中，我们将Pod描述为一组关系紧密的容器，这些容

---

[33] 请参见 https://en.wikipedia.org/wiki/Pager。如今，大部分警报都是以短信或者自动语音呼叫的方式发送，很少有企业还使用寻呼机（pager）来接收警报。不管怎样，这个词语保留了下来，例如，对突发事件的随时响应称为"寻呼机任务（pager duty）"。

器一起部署和伸缩。组成PaaS或服务网格的服务与正在开发的微服务一起存放在Pod中是理想的选择。这也将导致代码相同的实例重复部署，例如日志服务。所以需要权衡延迟，即将平台服务资源放在你正在开发的微服务附近，会减少消息的延迟而增加资源消耗。将平台服务放置在Pod中意味着PaaS或服务网格中的服务将有多个实例，每个Pod一个。除非你的环境中担心内存资源，否则减少延迟往往是一个更好的决定。

相对于虚拟机而言，容器的资源消耗更少。而微服务也规模小，服务单一，并且通常比多功能的进程需要更少的资源。这些特性使得这两个技术天然适配。

6.5.6 为部署而设计

Designing for Deployment

正如我们将在第8.6节"部署策略"中看到的那样，可能有同时运行的实例在运行同一微服务的不同版本。有两种机制可以使客户端在这种情况下继续发出请求。

第一种机制是语义版本控制，这意味着每个请求和响应都用版本标识符显式标记。版本标识符有三个整数字段：主版本号、次版本号和补丁号。对接口的任何修改都需要更改版本号：向后兼容的错误修复程序会增加补丁的版本，向后兼容的功能更改会增加次要版本，而向后不兼容的变更会增加主版本。

就其本身而言，语义版本控制不执行任何操作，只是允许客户端在请求中表达其想要的内容，并允许服务端表达其在响应中提供的内容。在服务内，当客户端请求的版本与处理请求的服务实例中可用的版本不匹配时，可以使用诸如在"版本兼容性"部分中讨论的方法。

功能切换是允许同一微服务的不同版本同时激活的另一种机制。功能切换是"if"语句，效果是仅在打开功能切换时才执行新代码。如果功能开关处于关闭状态，则将执行微服务的旧代码。

因为你不想在部署新版本的微服务时停止应用程序，所以需要区分"安装"新版本的微服务和"激活"该新版本两个步骤。在安装了新版本的情况下，功能切换默认是关闭的，当需要激活功能时，将其打开。功能切换的值（无论是打开还是关闭）由分布式协同系统维护，以便微服务的所有实例都同时打开或关闭。

由于功能切换会使代码混乱，难以理解，因此，一旦新功能在生产中稳定下来，就应该从代码中删除与功能切换相关的代码。

6.5.7 预防故障

Protecting Against Failure

在第3.2节"云故障"中，我们讨论了两种类型的故障。首先，实例的主机可能会宕机。在上面关于可用性的讨论中，我们已经讨论了处理此类故障的方法。其次，本节的主题是长尾现象。在第3章"云"中，我们讨论了云中的响应延迟如何具有长尾分布。无论是大扇出服务还是小扇出服务，都会发生这样的延迟分布（请参见图6.2）。在大扇出情况下，由于你的服务在所有相关请求完成之前无法响应，因此任何直接依赖项的拥塞或失败都会增加服务的延迟。在小扇出情况下，依赖关系链很长，并且你会受到请求链中任何故障或拥塞的影响。由于你的服务发出的请求有大部分比例将经历较长的延迟，所以下面讨论将你作为微服务开发人员时该如何应对这种情况。

- 一种技术称为对冲请求（hedged request）。同时发出多个请求，然后当你收到成功的响应后，取消掉其他请求（或者忽略响应）。例如，假设你希望启动10个微服务实例，那么你发出11个请求，在10个请求完成后，终止尚未响应的请求。

- 这种技术的一种变体称为替代请求（alternative request）。在上述情况下，你发出10个请求。完成8个请求后，再发出2个请求，并且在总共收到10个响应之后，取消仍然剩余的2个请求。

首先，由于两种方法发出的请求都超出了需要，因此使用这些技术会增加整个应用程序的工作负载。某些情况下，增加工作负载可能导致拥塞，加剧长尾延迟效应。必需谨慎地采用这些技术，并平衡调整多余请求的数量与增加工作负载的影响。

其次，由于被取消的请求实际上可能会完成，因此必须考虑多次处理请求的效果。如果请求不更改应用程序状态（例如，请求仅读取数据），则多次执行将是无害的。如果请求可以被撤销（例如，如果你在取消请求之前启动了一个额外的实例，并且可以在不影响应用程序的情况下停止该实例），则执行多次是无害的。但是，如果请求更改应用程序状态或将数据写入持久性存储，则该操作必须是幂等的，这意味着多次执行的结果与一次执行的结果相同。幂等操作的一个示例是在记录不存在的情况下插入新记录，否则就更新记录。

6.6 总结
Summary

微服务通过网络公开的接口交换大多数信息，这是其定义的固有组成部分。通过分布式协同服务或持久性存储共享信息属于例外情况。消息传递的重点是数据交换协议。Protocol Buffer是一种传递强类型数据结构的有效方法。gRPC是最新的远程方法调用协议，在互联网公司中得到了广泛的应用。其存在一个原型编译器，用于将Protocol Buffer和gRPC打包成库，以供微服务和相关微服务使用。

与其他架构风格一样，微服务体系架构进行了折中选择，优先选择与某些质量相关的属性。优先选择的属性包括可修改性、可用性、版本兼容性和可伸缩性。这些都是以性能和可重用性为代价的。

你的微服务依赖一系列额外的服务，这些服务通常由云作为平台即服务（PaaS）提供给你，包括发现和注册、分布式协同服务、gPRC库，以及日志和监控服务。

将你的微服务打包成容器，可以让你的微服务被某个容器管理系统管理，正如第2章"网络"中提到的那样。与将微服务打包成虚拟机镜像相比，容器是一个非常轻量级的选择。容器化正在迅速成为首选的打包机制。

作为微服务的设计者，你需要做一些特殊的事情来为特定的部署过程做准备。特性开关是一种可行的机制。

你还需要意识到在云上的请求可能出现长尾延迟，通过发出多余的请求（如果不需要的话可以取消）来对冲这种可能性。

6.7 练习
Exercises

这些练习将使用另一堂课写的作业。选择一份作业，并完成以下操作。

1. 将你的作业打包为微服务。

2. 为你的微服务定义Protocol Buffer。

3. 编写一个调用例程并将其打包成微服务，使用Protocol Buffer调用练习1中的微服务。

4. 编写一个简单的发现服务，该服务用于存储键值对，其键是微服务的名称，其值是IP地址。

5. 将练习1中的微服务注册到发现服务。

6. 使用练习3中编写的服务发现来调用你的微服务。

6.8 讨论
Discussion

1. RPC调用被路由到接收方的端口，该端口是动态分配的。消息如何路由到正确的端口？

2. 为什么微服务的可独立部署一定依赖运行时服务发现呢？

3. 使用微服务架构设计的应用程序会出现什么问题？你将如何解决这些问题？

4. 为Eureka（Netflix为开源产品，包含负载均衡器、注册和发现服务）画一个上下文关系图。

第7章 管理系统配置

Managing System Configurations

在第1章中我们学习了如何创建一个虚拟机或者容器。当服务在生产环境运行的时候，你往往需要同时管理很多不同的虚拟机和容器。例如，你可能同时要对同一个服务的不同版本进行更改、添加新功能到新版本、修复当前生产环境版本的bug。在开发和测试过程中，服务会运行在不同的环境中，测试的输入/输出也是不同的，这些我们会在第8章中讲到。在生产环境，服务会被部署到很多服务器上，可能分散在全球各地，并且服务也可能依赖其他随时会更新的服务。在所有这些场景中，服务需要保存并且保护好一些重要的密钥信息，例如访问数据库的信息。这些就是本章要讨论的内容。

在阅读本章并且做完练习以后，你将会了解：

• 版本管理；

- 配置参数；

- 配置管理系统；

- 如何管理密钥。

首先从版本管理讲起。

7.1 版本控制

Version Control

你还记得有多少次因为错误地覆盖文件而丢失了工作内容？在团队协作中，这个问题变得更加严重，因为一个团队成员可以覆盖另外一个团队成员的工作成果。为了解决这个问题，版本控制系统（version control system，VCS）应运而生。最近的版本控制系统可以用来一边修复缺陷，一边开发新功能。

版本控制系统管理了一个仓库，这个仓库保存了代码、脚本、测试等文本文件的所有版本[34]。因为保存了文件的历史版本，所以你可以在任何时候调取任意一个版本，用于回滚你今天上午在开发中所犯的错误，或者对去年发布的版本进行调试。还有，因为这个仓库可以被多个用户共享，所以这个仓库中的文件可以被任意一个用户获取或者修改。

几乎所有的版本控制系统都有三个基本概念。这些概念可能在不同的系统中有不同的名字，也有一些系统在这些概念上有一定的重叠。

（1）签入/签出（check-in/check-out）操作；

---

[34] 大部分版本控制系统都可以对非文本或者二进制文件进行版本化，但是没有能力去查看非文本文件两个版本之间的差异，并且，这些文件的存储也不高效，因为无法压缩以节省存储空间。

（2）分支/合并（branch/merge）操作；

（3）打标签（tagging）。

签出（check-out）操作的意思是你需要对目标文件进行修改，并创建目标文件的私有拷贝。根据版本控制系统的不同，你可以对目标文件进行锁定，在你完成修改工作之前，没有其他人可以签出，或者多人可以同时签出同一个文件。

当完成修改后，你需要签入（check-in）这些文件，就是把你修改后的版本复制到仓库并保存为一个新版本。版本控制系统可以在允许签入之前对文件进行格式检查。常见的检查就是每次签入都必须包含一段描述文字，描述你进行的修改。如果你签出的文件并不是锁定的，并且有其他人在你之前已经签入了他的修改，则必须在你的签入之前合并已有的修改。

如果你团队的每个成员都在为一个短期目标工作的话，例如近期发布一个新版本，那么上面讲的签入/签出操作就足够满足需求。但是，当你团队的部分成员在修复近期的bug，你在开发下一个新版本，同时有另外一些同事在开发远期大版本，那只有签入/签出就不够用了，需要在你的仓库创建分支。每个分支都创建了一系列跟其他分支相互独立的版本。这样就允许两组人同时朝着不同的目标工作。最终，当一个分支的工作完成以后，会跟另外一个分支进行合并。在我们刚才介绍的场景中，当你的同事修复完近期的bug时，你需要把他们分支的修改合并到你正在工作的分支上。这些分支的版本结构如图7.1所示。这种情况下，合并分支有时候会比较困难，因此需要判断你同事的修改在你正在编码的分支上也能正常工作。根据情况的不同，你也许可以简单地把代码复制过来，也许可能需要对他们的修改进行再次修改。两个分支分叉的时间越长，合并的难度就越高。这也是为什么有些团队会对分支的使用做一定限制的原因。这里的一个最佳实践就是，提高合并的频率，这样，每次合并都只需要应对少量的修改。值得注意的是，不要把复制仓库（fork repository）跟分支相混淆。复制仓库是复制当前仓库到一个全新的仓库，而不打算未来将其合并回去。

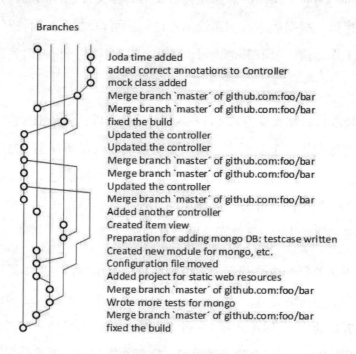

图7.1　分支的版本结构示例

　　版本控制系统的最后一个概念是打标签，就是在当前时间点下，给所有文件的当前版本打一个标签。有些版本控制系统，如Subversion（SVN）仓库中的每个文件都有一个单独的版本号。例如foo.txt这个文件在被创建以后就没有修改过，那么它的版本号就是1，而另外一个文件bar.txt的版本号可能是4321。在这样的情况下，我们给仓库打一个标签，这个标签就会引用版本号为1的foo.txt和版本号为4321的bar.txt。在另外一些版本控制系统中，比如Git，整个仓库就只有一个版本号，这个版本号在每次有任何文件被修改的时候都会自增。这种情况下，标签就是当前版本号的一个名称。另外一些系统可以让你通过编号或者时间戳来访问特定文件的版本，这种系统往往令人困惑，也容易出错。标签可以让你在开发过程中清晰、方便地获取一个指定的版本，例如上线一个最近发布的版本。

过去，大部分版本控制系统都是中心化架构。这些中心化的系统，例如Subversion，需要你在签入/签出的时候有网络连接到中央服务器。中央服务器保存了文件的所有版本，但是你提取的时候只是提取其中某一个版本。相反，对于分布式的版本控制系统，比如Mercurial和Git，它们使用的是点对点的架构来同步所有文件的所有版本。每一个仓库的用户都拥有这个仓库的完整拷贝。这就允许用户在离线的环境下工作，使得分支、合并操作效率高很多。当然，你需要网络连接来同步工作。你的团队通常会指定一个仓库为主仓库控制发布的流程。

所有用来构建生产系统的文本制品，包括代码、测试、脚本等，都应该保存在版本控制系统中。你也有可能在仓库中添加一些非文本的文件，例如图标和图片。这样，既可以让你在团队成员之间共享这些文件，也可以让你在开发、调试、故障恢复等情况下，从一个仓库完整地构建出你的生产系统。

7.2 配置管理工具

Configuration Management Tools

配置管理是跟踪、更新和维护基础设施中，软件组件之间一致性的过程。常用的工具包括Chef、Puppet及Ansible。

一个配置管理工具监控一组机器，可能是物理机也可能是虚拟机。在配置管理术语中，这些机器被称为节点（nodes）。配置管理工具会根据指定的脚本对目标节点进行一系列操作。例如你的应用需要依赖一个3.2版本的服务，这个配置管理工具可以监控所有节点的这个依赖服务是否被装载，并且保证它们都是最新版本。当一个新的补丁发布的时候，这个工具会自动把补丁安装到所有相关节点上。

在第1章"虚拟化"中，我们介绍了初始化工具，用来装载软件到虚拟机上。配置管理工具在装载软件到虚拟机这一点上跟初始化工具是类似的，但是有一些关键不同点，如下：

- 初始化工具可以创建新的虚拟机，但是配置管理工具假定虚拟机已经存在。这意味着初始化工具必须跟云厂商的实例创建服务集成，而配置管理工具不需要。

- 初始化工具的设计是面向小规模的虚拟机集群，而配置管理工具是面向大规模虚拟机集群设计的。

- 初始化工具在调用的时候执行，在初始化虚拟机完毕以后就终止。配置管理工具长期运行并监控虚拟机。

因为工具在发展过程中不断地拓宽边界，增加新的功能，上述这些差异也逐步模糊化。配置管理要求虚拟机已经初始化完毕。这就导致了配置管理工具在配置管理过程（例如Puppet）的第一步需要先支持调用初始化工具，或者干脆在配置管理工具中集成完整的初始化功能（例如Chef）。

大规模集群的配置管理往往非常复杂。系统的每个节点都需要状态监控以及日志管理的软件包。有一些对外服务节点需要API监控的软件包。数据库节点有一组软件包，而Hadoop集群又有另外一组软件包。配置管理工具把这个情形简化了。你可以给软件包分组，再定义一个节点类型的层级，然后将软件包组和节点类型按照层级进行分配。

每个配置管理工具都不尽相同，但是有一些基础的要求是类似的，驱动了这一类工具的设计。

- 配置管理工具必须运行在一个服务器上。如果配置管理工具需要持续地监控其他服务器，那它必须持续地运行。用一个单独的服务器只运行配置管理工具是常见的做法（虽然并不是强制性要求）。

- 有一些配置管理工具通过SSH在节点上执行命令进行远程管理，正如第5.7节"防护：安全的Shell"讨论的那样。还有一些工具会在节点上部署一个代理。这些工具通过安全的API来与代理通信，然后代理再执行指定的命令来管理节点。

- 配置管理工具的脚本语言必须有能力指定节点分组。每个分组包含一系列IP，以及将在分组中执行的操作。使用脚本来控制针对基础设施的操作可以称为**基础设施即代码**（infrastructure as code）。也就是说，把基础设施看成一系列被程序（脚本）控制的产物。

- 配置管理工具执行的操作必须是幂等的。也就是说，同一个幂等的脚本针对同样的节点执行多次，其结果必须相同。这使得错误处理和灾难恢复变得简单了。

- 配置管理工具修改配置必须高效。例如，我们对配置增加了一个软件包，重新执行这个配置的时候，配置管理工具只要安装新加入的软件包即可。当你管理10个、1000个，或者更多个节点的时候，这种增量式的配置管理可以帮你节省很多的时间和网络流量。

- 配置管理脚本是基础设施即代码的一个例子。任何有脚本语言的工具都应该很好地保存脚本，更重要的是能版本化。使用版本控制来管理脚本，可以让团队成员共享这些脚本，并且保存所有修改的历史，用于追踪。在第8章"部署流水线"中，你会了解到相关的工具。所有脚本都应该被当成代码来对待，正如你写的其他代码一样。

不同的配置管理工具存在一个重要的区别，即脚本语言是命令式的（imperative）还是声明式的（declarative）。命令式的语言，每一步都是指定的，最终的结果就是每一步的执行结果，就像C语言、Java语言一样。声明式的语言，描述的是想要的结果，这种语言由运行时来决定如何达到这个结果。Puppet偏向声明式的语言，而Chef偏向命令式的语言，虽然两者都有被称为命令式的成分或者声明式的成分。两者各有利弊：声明式语言你可以通过阅读代码就知道结果，但是一些边界情况就很难处理；而命令式语言你必须模拟执行过程才能知道结果，但是可以通过if-else语句来处理各种边界情况。在计算机领域，关于这两者优劣的争论已经持续了40多年，我们就不再深入讨论了。

在第3章"云"中我们了解到，虚拟机只是云服务提供商提供的一种功能。如果阅读得仔细一点，那么你可能在想"关于配置管理的讨论只涉及了虚拟机。但是我的应用还使用其他云资源，比如负载均衡、对象存储，还有容器呢。这些资源应如何配置并且与虚拟机连接起来"。配置管理提供了插件功能，可以通过基础设施即代码的形式来管理这些类型的资源。

〰〰〰〰〰〰〰〰〰〰〰〰〰〰〰〰〰〰〰〰〰〰〰〰〰〰〰〰

小提示："配置管理"的多重含义

历史上，"配置管理"是指追踪和管理代码，以及相关产物（例如脚本、文档等）修改的流程和工具，通常被称为软件配置管理（参见Wikipedia、IEEE标准）。如今，我们使用Git这样的工具来完成这类工作，并且称之为"版本控制"。

运维人员使用配置管理这个词语是指一系列流程和工具，用来理解在生产环境的每个节点上运行什么软件（软件包和版本，包括操作系统）。在虚拟化以及基础设施即代码、自动化操作流行之前，每个节点的软件都是一个一个地手动安装的，配置错误是常见的问题，也就是说，集群中某些节点的软件版本和其他节点不一致。

如今，基础设施即代码将应用环境当成脚本执行的产物，并且使管理代码版本和环境版本的边界变得模糊。用于存储和管理文件版本的技术被称为版本控制（例如Git和SVN），而用于安装和配置虚拟机上软件的工具被称为配置管理（例如Chef和Puppet）。

通过使用配置管理工具执行脚本来创建基础设施的做法，创建的是不可变的基础设施。你不会直接去修改任何基础设施元素，例如使用SSH连接到虚拟机上去修改防火墙参数或者更新数据库的连接密钥。你应该要做的是修改基础设施即代码的脚本，并且使用配置管理工具执行这些脚本。因为你的脚本是版本化管理的，并且修改环境的唯一途径是修改相应的脚本，所以你的基础设施也被版本化了。

7.3 配置参数
Configuration Parameters

服务的配置参数是由系统管理员配置的。为了避免每次系统被调用的时候都要求系统管理员来输入参数，我们使用离线的方式来指定配置参数。

常见的配置参数包括网络信息（DNS服务器在哪里）、数据库连接信息、日志级别等。这些信息通常在不同的环境（开发环境、预发环境、生产环境）中是不一样的。还有用户界面的背景颜色、本地化选项、安全级别等也可以使用配置参数来指定。

为服务提供配置参数的方式有以下几种。

（1）资源文件。资源文件由文件名和路径构成。服务会读取文件中的内容，初始化并且分配配置参数。资源文件的格式有很多种，例如key-value的形式，key就是参数的名字。也可以是格式化的语言，例如YAML（YAML Ain't Markup

Language），服务需要调用对应的解析器来读取文件内容。

（2）环境变量。环境变量是操作系统的变量。它为所有运行在当前操作系统中的进程提供了变量值。当操作系统初始化某个服务的时候，它会把环境变量提供给这个服务。可以理解为操作系统和你的服务之间的进程间调用的参数。例如，Syslog是一个UNIX系统的环境变量，它用于指定日志存储的位置。环境变量通常在脚本中指定，在调用服务之前，shell会先解析脚本设定环境变量。

（3）数据库。一种特殊的数据库可以用来存储配置信息，数据库的参数包含环境以及配置参数的名字。如我们将在第8章讨论的那样，对于测试数据库来说，不同的环境有不同的来源。测试数据库的URL可以是一个配置参数，在服务初始化的时候读取。参数也可以通过索引来分组，例如与安全相关的参数分为一组，可以更容易读取。还有访问数据库是需要授权的，这也简化了最低权限的配置（参见第11章"安全开发"）。

（4）专用工具。有些专用工具可以交互式地指定配置参数。

无论使用哪种方式来管理配置参数，这些参数都应该被版本化，并且维护好历史记录。脚本和资源文件可以被保存在版本控制系统中，而用于配置参数的数据库将有自己的方法来维护更改修改记录。

作为一名开发者，当面临多个选项的时候，你可以把不同的选项作为配置参数，稍晚一点再决定使用哪个。这样的灵活性也有一定的代价：当引入一个新的配置参数时，它必须被配置并管理起来；如果参数没有值，则需要提供一个默认值，并且需要对多个相关的参数进行检查，以保证参数的一致性。我们了解到有些系统拥有超过10000个配置参数，这很容易导致参数不一致或者参数未设定，系统的安装就变成噩梦。

7.4 管理机密
Managing Secrets

配置参数的名称以及对应的数值通常以明文形式存储。它们没有隐藏或者加密，所以任何有权限看到基础设施源代码的人都可以看到这些信息。如果使用版本控制，这些数值就会被永久地存储起来。虽然可能不担心其他人知道你的DNS服务器地址，但是总会担心别人知道你的数据库用户名和密码。有一些不怀好意的人一直在关注和等待获取这样的信息，正如我们将要在第11.2节中讨论的那样。你需要对一些参数的值进行保密，甚至是对团队的开发成员。

在安全领域，使用广泛认可的方案总是好过自己造轮子。配置管理工具提供了两种方式来保存秘密：单一密钥（single-key）访问控制以及基于令牌（token-based）的访问控制。

单一密钥访问控制通过一个共享的密钥，例如通过Diffie-Hellman算法生成的（参见第5章"基础设施的安全性"）密钥来加密一系列配置信息。这个唯一的密钥会被所有需要访问这些配置信息的服务和人员共享。这样的方式使得密钥的吊销和轮换复杂化，因为你需要对信息进行重新加密，并且把新的密钥提供给所有的服务人员和相关人员。这些操作中的任何失误都会影响数据的可用性，这是信息安全的一个重要指标。

上述方式可能对小规模团队来说是合适的，但是，如果想要更加健壮、可扩展的访问控制，则需要基于令牌（token-based）的方案。这个方案将加密和对密钥的访问控制分开了。所有的秘密在持久化之前都通过一个或者多个密钥加密。加密后的信息被保存在一个仓库中，该仓库常常被称为保险箱。

用多个密钥加密保险箱中的秘密，并且让不同的人保管密钥，可以避免因为个别失误而导致整个保险箱被攻破。例如，某一项数据可以被设置成需要两个密钥才能访问。当密钥配置服务启动的时候，所有加密密钥都会被输入进去，这样这个服务就可以解密，并提供被加密钥的配置。

所有有权限访问密钥配置服务的用户和服务都必须经过认证。每个用户或者服务都有一个唯一的认证密钥或者密码，可以分为几种状态，即已创建、已过期、已吊销。当用户或者服务经过认证以后，密钥配置服务通过基于角色（role-based）或者基于属性（attribute-based）的策略来管理用户或者服务对于密钥的访问。通过分离加密和密钥访问，可以从容地应对变化。例如，可以吊销用户的一个或者多个密钥而不用给其他人新的密钥或者密码（但是共享密钥的方式就需要这么做）。

密钥配置服务还可以提供一些其他有用的能力，例如审计密钥访问记录，以及集成其他服务来按需生成密钥。

在编写环境初始化脚本和配置自动化脚本的时候，需要处理大量密钥的问题。为了在开发和测试过程中提高效率，定位问题，可能临时将密钥硬编码到脚本中，然后一不小心就把这样的脚本提交到了版本控制仓库中。

这样的密钥泄露肯定是一件坏事。在及时发现并汇报处理的情况下，有些机构（例如PagerDuty）并不为此对个人追责[35]。预先的密钥更换可以避免长期的破坏，并且追踪审计这样的技术可以在密钥更换之前识别异常的密钥访问。

以上这些情况，真正造成损失的是未被检测到的泄露。如果你的版本控制系统仅限于公司内部访问，那损失可能不大。但是，如果使用的是公开的代码

---

[35] 这一点类似 NASA 的航空安全报告系统，这个系统允许飞行员、空中管制员、飞行器机械师匿名地自我汇报事故，以持续地提高飞行安全。

仓库，那么影响就会很严重并且很快会被人利用。

不怀好意的黑客持续地对公开仓库进行扫描，当发现泄露的密钥时，他们就会立即尝试利用。有一些云服务提供商也会扫描仓库，并且提醒代码提交者可能的泄露情况，也有一些开源的方案可以用来扫描公开的或者私有的仓库来检测这样的泄露。

我们将在第11章更加详细地讨论管理密钥的问题。

7.5 总结
Summary

版本控制系统管理修改并且提供修改的历史记录。同时，它们也有能力提供多个独立分支。由于要处理修改冲突，两个分支如果分叉的时间很长，那么合并分支将会耗费大量时间。

配置管理工具可以让服务器集群保持更新和一致。服务器可以按照目的分类，并由脚本来操作。这些脚本往往由专用的脚本语言编写。

配置参数是由系统管理员来配置的。配置参数的机制有多种，包括资源文件、环境变量、数据库以及专用的交互式工具。

有些配置参数，例如密钥应该是保密的。配置管理工具由保险箱功能来简化访问密钥管理的工作。密钥泄露到公共论坛上可能是一个问题，但是某些服务会扫描公共论坛，并在发现你提交了包含密钥的脚本时通知你。

7.6 练习
Exercises

1. 在第6.7节的练习中,你打包了一个微服务。下载并安装一个配置管理工具,并用这个工具来将你的微服务发布到不同的服务器上。

2. 对练习1的配置管理工具添加保险箱扩展,并加密某个配置参数,只有你能访问。

3. 配置练习2中的密钥,只有经过你和另外一个人的授权才能被访问。

7.7 讨论
Discussion

1. 常见的配置层级是环境/系统/节点。还有哪些可能的层级?为什么?(例如,假设你的应用运行在多个操作系统上。)

2. 如何检测仓库中的密钥泄露?

3. 什么时候把服务使用的语言设置为一个配置变量,以及什么时候让终端用户去修改这个变量?

第8章　部署流水线

Deployment Pipeline

部署流水线是指把你编写的代码移动到生产环境的一系列有序的操作。这条流水线包含四个阶段，即开发、集成、预发、生产。每个阶段都有独立的环境，这样可以保证阶段之间的隔离。每个环境都有明确的生命周期，从分配必要的资源开始到销毁，所有与这个环境相关的资源都被释放。

阅读完本章以后，首先，将了解到部署流水线的不同阶段，以及与这些阶段相关的不同类型的测试和测试数据。然后，将了解到蓝绿和滚动发布模型，以及如何在更新过程中保持一致性。最后，将学习灰度发布、金丝雀发布、A/B测试，以及要进行灰度发布的原因。

8.1 部署流水线概览
Overview of a Deployment Pipeline

图8.1展示了一个部署流水线。我们先简要进行概述，然后讨论每个阶段的细节。

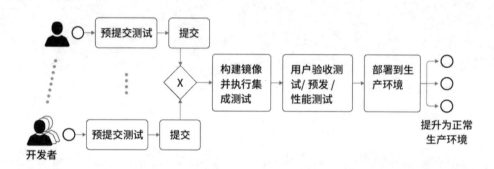

图8.1 部署流水线

流水线从开发阶段开始。你在开发环境编写软件，我们常常称之为模块[36]。在开发完成以后执行单元测试，然后推送到版本控制系统，同时出发持续集成。持续集成是在集成环境执行的外部服务，它会编译你新增的或者修改的代码，以及你服务的其他部分代码，从而构建出一个可执行的镜像。随后对这个可执行的镜像进行功能验证测试。测试通过以后，它会被打包到某个虚拟机或者容器中，然后被推送到预发环境。在预发环境，我们会做更多的测试，包括服务质量、性能、安全性以及合规性。用户验收测试（user-acceptance testing，UAT）也会发生在这个阶段，如果你的业务需要的话。通过预发环境的各种测试，意味着你的服务可以被部署到生产环境了。一旦进入生产环境，你的服务就会被

---

[36] 这里我们使用术语模块（module）作为开发工作的一个单元。有些编程语言有一个称为模块的结构，它可能映射到我们对这个术语的使用，也可能映射不到。

密切地监控，直到有信心认为质量没有问题。到这里，我们才把这个服务称为系统的正常组成部分，受到跟其他组件一样的关注。

我们在不同的环境中执行不同的测试，测试的范围很广，从在开发环境针对单一模块的单元测试，到集成环境对所有模块进行功能测试，最后在预发环境执行更广泛的质量测试。

小提示：虚拟化对于不同环境的效果

在虚拟化技术（例如第2章"网络"中提到的那样）大规模流行之前，我们这里讲的各种环境都是实实在在的物理设备。在大部分公司，开发环境、集成环境、预发环境是由不同的团队管理的。开发环境有可能就是一些台式机，但是开发团队把它们当服务器用。集成环境通常由测试团队或者质量保障团队来管理。集成环境一般由数据中心淘汰下来的上一代设备组成。预发环境由运维团队管理，并且硬件一般跟生产环境相同。有时候我们会面临测试在一个环境通过但在另一个环境失败的情况，解决这样的问题需要耗费大量时间。虚拟化带来的好处之一就是环境拷贝的能力。也就是说，不同的环境只是规模不一样，而不存在硬件或者基础结构的不一样。我们在第1章"虚拟化"中讨论的初始化工具可以让每个团队都很容易创建一个尽可能跟生产环境一致的环境。[37]

如果整个流水线发布的过程是全自动的，也就是说，没有人为干预，那么这个过程我们称为**持续部署**（continuous deployment）。如果需要人为干预才能将服务投入生产（如某些法规或组织策略所要求的），那我们就把这个过程称为**持续交付**（continuous delivery）。

---

[37] 在云原生场景下，仅仅通过虚拟化来搭建开发测试环境是不够的。因为云原生应用可能使用很多云提供商提供的 PaaS 原生能力，例如数据库、缓存、容器集群，这些原生能力很难在只有虚拟机的场景下复制，使得开发测试环境的搭建和管理成为问题。现在有一些产品在致力于解决这样的问题，例如国外的 DevSpace（https://devspace.cloud/），国内的 Nocalhost（https://nocalhost.dev/）。—译者注

整个流水线过程的节奏我们称为**循环时间**（cycle time）。有些组织每天发布到生产环境几十次，这样的快速发布，如果有人为干预，那是不可能实现的。这样的快速发布，如果团队之间需要协调才能把服务发送到生产环境的话，也是不可能恢复的。在本章的后面我们将讨论一些技术，可以让团队执行持续部署而不用依赖其他团队。

衡量流水线质量的第一个指标是循环时间，第二个指标是可追踪性。当我们对一个生产环境的问题进行分析的时候，所有导致跟这个问题相关的元素都应该是可以恢复的。这就包括这个元素所有的代码和依赖、对这个元素执行的测试用例，以及用来生产这个元素的工具。部署流水线中使用的工具是有可能导致生产环境问题的。例如编译器的bug可能会导致运行时错误。通常这些追踪信息是被保存在制品数据库中。这个数据库存储了代码版本号、依赖版本号、测试版本号、工具版本号。

衡量流水线质量的第三个重要指标是可重复性。也就是说，如果使用相同的制品执行相同的操作，就应该得到相同的结果。这其实并没有看起来的那么简单。例如，你的构建过程需要获取依赖的最新版本。当再次执行这个构建过程的时候，这个依赖可能有了一个新版本。再举一个例子，某个测试修改了数据库中的一些数据，如果原始数据没有被保存下来，那接下来的测试可能会产生不同的结果。

本章的剩余部分主线跟你的代码流转路径保持一致，提交、构建、预发、部署到生产。我们先讨论环境这个概念，然后详细讨论部署流水线的各个阶段，最后介绍部署过程。

8.2 环境

Environments

在部署流水线的概览部分，我们已经了解到环境是一个重要的概念。除生产环境以外的所有环境都是用来执行测试的，同时跟其他可能正在进行的开发和测试活动隔离。本章将着重介绍开发、集成和预发环境。生产环境是给最终用户使用的。虽然生产环境和其他环境有很多相似之处，但还是有一些重要的差异，例如规模、可用性、安全性。我们将在第9章"发布以后"中讨论其中的一些问题。

每种环境都有一系列的要求和生命周期。下面先讨论一些共性的需求以及生命周期步骤，然后讨论每种环境的不同之处。

8.2.1 环境的要求

Requirements for an Environment

对于环境的第一个要求是，跟其他环境隔离。这包括地址空间、输入、对数据库的修改、任何对环境中运行的进程的依赖。对于环境的第二个重要要求是，每个环境在达成自己目的的同时，应该尽可能地保持跟生产环境的一致。对于环境的第三个重要要求是，在把你的代码推送到下一个环境之前，跟代码相关的元素应该被记录在制品数据库，以提供可追踪性和可重复性。

图8.2展示了每种环境的元素。

- 一组虚拟机或者容器；

- 基础设施服务（例如负载均衡器）；

- 输入源；

- 数据库；

- 配置参数；

- 外部服务。

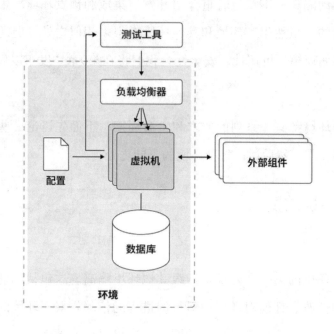

图8.2 环境中的元素

我们来看一下每个元素的详细情况。

一组虚拟机或者容器。这些虚拟机或者容器包含在当前环境中运行的模块、服务或者应用。环境中运行的服务的数量随着这个应用在流水线上的流转而增多。在开发环境，一个独立的模块被测试；在集成环境，一个服务被测试；在预发环境，这个服务以及其他服务都会被测试。

基础设施服务。你的服务依赖基础设施服务。在开发环境中，你可能只需要负载均衡器和日志服务，但当你随着部署流水线往前走，你会需要其他服务，例如注册服务和发现服务。这些服务可能由一个PaaS提供、服务网格提供或者其他方式提供。无论如何，在环境中包含这些服务，可以让你尽早发现跟这些服务交互的问题，而且跨环境的一致性简化了环境的管理。

输入源。正如我们之前介绍的，每个环境都是为了运行测试，测试就需要输入源。输入可以来自测试工具、动态负载生成器、实际的用户，或者实际用户输入的重放。图8.2包含一个测试工具。这个工具有一个输入源"测试驱动程序"，服务的输出也会被发送回这个测试驱动程序。测试驱动程序会对比实际输出和预期输出，并且报告错误。

数据库。数据库的内容随环境的不同而不同，我们将在特定环境的章节讨论这个话题。但是，所有环境都有一个共同的需求，那就是数据库必须在每次测试后被重置。所有的测试必须可以重复执行，并且每次给出相同的结果。如果不是这样的话，在你的代码里找到错误将会变得很困难。因为任何测试都可能修改数据库中的数据，在每个测试后重置数据库可以保证每个测试的起始状态都是相同的。

配置参数。正如第7章"管理系统配置"中讲到的，配置参数是在运行时绑定的值，通常是在初始化时绑定的值。每个环境都有一组配置参数，例如数据库连接字符串、密码以及外部服务地址。这些配置参数的值对每个环境可能是不同的。我们不需要提前将密码放在图8.2展示的文件中，因为这有可能导致安全漏洞。我们在第7章"管理系统配置"中讨论过管理系统配置参数的不同选项。这里想要强调的一点是，在任何一个环境中运行服务或者应用都需要用到配置参数。

外部服务。你的服务可能会用到一些外部服务。这可能包括天气预报服务或者认证服务等。针对外部服务的处理取决于你在哪个环境中，以及这个外部服务是只读还是可以读/写。假如你的服务不在生产环境，并且这个外部服务是可以读/写的，那么这个服务就应该被忽略或者模拟。在非生产环境对任何外部服务执行写操作都有可能影响这个服务的行为。通常，我们不应该允许非生产环境影响生产环境，而对于外部服务的写操作可能影响到生产环境。

8.2.2 环境的生命周期

Lifecycle of an Environment

环境最重要的一点就是它的生命周期是有限的，从创建、使用到销毁。虚拟化以及基础设施即代码技术可以让你和你的团队全自动地管理环境生命周期，并且让测试任务可重复。

部署流水线上的每种环境在基本的生命周期方面都有一些不同，稍后会讨论这些。然而，每种环境的生命周期都有两个重要的共性元素，我们现在来看一下。

1.创建

每一个生命周期都从创建这一步开始。创建通常是由一些事件触发的，并且通过脚本配置好，也就是这一步可以全自动。每个环境的触发事件不同，但是总会包含以下步骤。

- 创建一个装载了软件的虚拟机或者容器。这里应该使用第1章"虚拟化"中讨论的初始化工具。脚本需要指定每个虚拟机的属性，例如虚拟机的大小、初始实例的数量、伸缩规则、安全配置等。如果使用容器来打包你的软件，容器的编排系统将会运行这个脚本。

- 创建一个负载均衡器。负载均衡器是一个单独的虚拟机，或者是由PaaS或者服务网格分配的。构建脚本会创建这个负载均衡器，因为脚本之前创建了虚拟机，所以它就可以把这些虚拟机注册到负载均衡器。

- 创建测试工具。你的团队或者组织可能用一个或者多个标准的测试工具。触发脚本应该包含一些必要的信息，用来创建测试工具，并将它连接到对应的环境中。因为测试用例是有版本控制的，测试工具就可以通过查询版本控制信息来获取最新版本的测试用例。

- 初始化环境中的数据库。构建脚本负责创建数据表结构并且装载测试数据，但是这个机制可能在不同的环境中有所差异。根据数据规模的不同，测试数据可以直接从文件中装载，或者用脚本计算生成。

- 创建环境特定的配置参数。这些参数包括数据库URL以及应用随着流水线的进展需要调用的外部服务URL。

你开发的每个模块的目标都是最终部署到生产环境，这个环境包含特定版本的操作系统、软件库、服务依赖等。每个模块的开发、集成、预发环境都应该使用与目标生产环境相同的版本。类似地，所有团队成员开发相同服务的模块都应该使用跟生产环境相同版本的环境。不同的服务可能运行在不同的生产环境，但是同一个服务，每个人都应该使用相同的操作系统和相关软件的版本。软件库或者操作系统不兼容是在集成环节合并团队成员工作时面临的主要问题，并且也会在部署到生产环境时引发错误。

2.销毁

每个环境生命周期的最后一步是释放这个环境使用的所有资源。这一步有时候称为"清理你的碗"。虚拟机容易脱离追踪，从而导致"虚拟机蔓延（VM Sprawl）"的问题。这会导致成本上升并且产生安全隐患。当有新的漏洞发现的时候，这些迷失的虚拟机不会被打补丁，它们就成了黑客攻击的目标，用于入侵整个系统。

将销毁步骤脚本化可以帮助你降低虚拟机蔓延的风险，保持云账户中只有活跃的虚拟机在运行。这个脚本的编写一般也不难：有些初始化工具，例如Vagrant，构建和销毁环境使用的是相同的脚本。还有一些工具，例如Terraform，可以让你通过一个命令就销毁整个环境。但是，总有一些需要定制的情况，例如在销毁测试工具之前，需要从测试工具中将测试结果复制出来。

跟构建步骤类似，销毁步骤的触发器也会因环境而异。但拥有一个销毁脚本，可以使这个清理的过程自动化。

8.2.3 环境生命周期管理的权衡

Tradeoffs in Environment Lifecycle Management

使用自动化触发的方式来创建或者销毁环境有可能消耗大量的时间和金钱。我们看到有一些组织在每次代码签出的时候都会创建一个开发环境，用于在代码再次签入之前执行测试。然后，代码签入会触发开发环境的销毁工作，并且创建集成环境。这里的问题是，在这种情况下自动创建和销毁环境值得吗？

回忆一下，我们创建不同的环境是为了让开发生命周期中的同一个环节的行为相互不影响，也不影响其他环节的行为。这里的矛盾就是，用不同的环境隔离行为减少错误所带来的好处是否值得创建这么多环境带来的人工和计算成本。

正如版本控制系统的发明是为了解决文件管理中的错误问题那样，环境管理的发明是为了解决开发行为之间的相互影响问题。如果每个开发人员都是完美的，那我们压根就不需要这些系统。但是，这种完美难以实现，将开发者的工作相互隔离被证明是减少错误的有效方式。另外，云计算使得为每个开发者、为生命周期的每个环节创建独立的环境更加实惠。成本和收益的计算更加有利于自动化。

8.2.4 不同类型的部署流水线和环境

Deployment Pipeline and Environment Variations

我们讨论的部署流水线只是多种类型中的一种。我们的示例覆盖了使用微服务架构开发运维组织的共性场景。这些包含为外部客户提供SaaS服务的组织，也包含为内部客户开发应用程序的组织。

事实上，还有其他类型的开发和运维场景。其中我们看到的大多数流水线在部署到生产环境之前都包含相同的三个阶段（开发、集成、预发），但是每个环节的测试可能就不同。下面来看一些例子。

- 在开发阶段测试完整的服务，而不仅仅是你自己的模块，在集成阶段测试完整的应用程序，包含你的服务和其他服务。

- 我们在预发阶段介绍过的质量测试放在集成阶段进行，而预发阶段用于生产环境部署的预演，包括测试部署、回滚脚本及相关指令。

- 你的组织交付的服务，例如数据库或者消息队列服务，是给客户用来构建他们自己的应用程序的。在这种情况下，集成阶段可能需要测试典型客户的用例，而客户的集成和预发环节将在他们的应用程序上下文中测试你的服务。

在所有这些情况中，高效的部署流水线都展现出了类似的特点：所有软件都必须经过一系列定义良好的阶段，每个阶段都有独立的环境，并在可行的情况下使用自动化。

下面让我们讨论示例流水线中的一些特殊类型的环境，先从开发环境开始。

8.3 开发环境

Development Environment

可以使用开发环境来创建和测试你正在开发的模块。这个模块可能是一个新的服务，也可能是对当前服务的维护。不管怎样，你都会跟版本控制系统和IDE（integrated development environment）交互。图8.3展示了开发环境中的工作流。

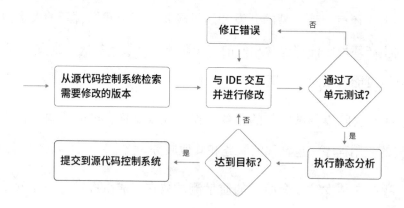

图8.3 开发环境中的工作流

你应该在当前的版本控制系统中创建一个分支。如果你正在开发一个全新的模块，那么这个分支可以是新创建的，如果不是新模块，那么也许会从一个已有的分支来签出代码。无论哪个操作，都会触发一个新的构建，用来创建给你使用的开发环境。

8.3.1 构建

Build

构建这一步创建了一个虚拟机或者容器，装载了模块需要的软件，这包括操作系统、软件库和相关的模块。

IDE应该配置这个环境作为工作的目标环境：当你编译好新的或者修改的代码为可执行程序的时候，IDE应该把这个可执行的文件放置到开发环境，这样就可以开始测试了。

这样我们就进入开发环境生命周期的下一个阶段，测试阶段。

8.3.2 测试

Test

你的模块应该有一个测试集合，包括晴天测试（sunny-day tests）和雨天测试（rainy-day tests）。晴天测试是指确认代码的各种运行路径没有错误或者异常。雨天测试是指确认在特定的情况下代码会抛出错误或者异常。

这些测试可能包含你在编写代码前（假如你正在进行测试驱动开发）或在编写代码时创建的新测试。如果你正在维护一个已有的模块，那么还会有为之前版本编写的回归测试。执行回归测试可以保证你的修改没有影响到现有的功能。

这些测试应该使用版本控制，保存在版本控制仓库中。

在将测试签入版本控制系统并且IDE在构建步骤中将模块加载到可执行表单之后，就可以进入测试阶段。有专门的测试应用工具来对模块进行测试，并把错误报告返回给你。再看看图8.2，了解整个工作流中的这一部分。

除了对模块执行测试以外，还要检查代码质量。静态分析工具可以分析你的代码，并且检测一些错误类型。因为静态分析工具经常会报告一些不是问题的问题，也就是误报，所以不能指望检查结果非常干净。这跟运行测试不一样，运行测试期望的是所有测试都要通过。大多数静态分析工具可以配置为忽略某些特定的错误或包含分析结果的自定义筛选。这些工具的配置应该是环境配置的一部分，这样所有团队成员都可以运行一致的测试。

这个阶段我们也用来执行代码评审。理想情况是每个文件都应该被评审，你的代码当然也不例外。但是对每个文件进行评审需要耗费评审者和被评审者太多时间，所以需要决定什么时候哪些代码应该做评审。这个决定取决于模块的重要性以及编写代码的成熟度。

8.3.3 制品

Bake

在制品阶段，可以把构建阶段生成的虚拟机或者容器镜像保存下来。这样，这个镜像就可以在部署流水线后面的阶段使用，比如运行额外的测试，或者重新运行已有的测试。因为保存了镜像，所以可以节约执行这些操作的时间。

8.3.4 发布

Release

在模块通过测试、评审，并且制品保存好以后，就进入了发布阶段。在这个阶段，你需要签入模块。如果需要，则会将你的代码分支跟另外一个分支合并，通常是上游分支。这个签入操作会触发集成步骤。

在发布阶段，制品信息也会被保存在制品数据库中，包括签入模块版本号、测试版本号等。当然，也会保存配置参数，任何用于测试和静态分析的工具、IDE版本以及插件等。[38]

---

[38] 制品库和制品数据库从严格意义上来说是两个概念，制品库用于存放制品，例如 Docker 镜像、Jar 包，制品数据库用于存放这些制品的相关信息，例如代码版本号、测试版本号等。现代制品库通常同时包含这两种功能，所以制品库和制品数据库经常相互替代使用。—译者注

8.3.5 销毁

Teardown

正如我们前面所说，在完成使命以后，所有开发环境的资源都应该被释放。

通过明确定义开发环境的生命周期，你或者你的团队成员可以编写脚本来执行一些操作。这使得整个开发过程更加轻松，你能够将更多的精力和注意力集中在模块的创建上。

8.4 集成环境

Integration Environment

集成环境用于构建完整服务的可执行文件并测试其功能。当你在开发环境的发布步骤签入模块的时候，就会触发这个构建。集成阶段的操作将你开发的服务的所有模块、相关的最新版本都编译成可执行文件。然后对这个可执行文件进行功能测试，如果通过，就会进入预发阶段。图8.4展示了集成环境操作概览。

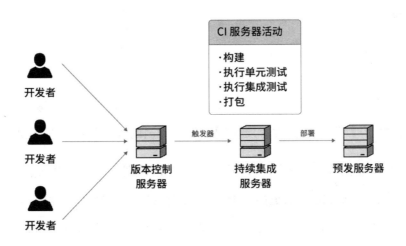

图8.4 集成环境操作概览

下面在集成环境生命周期的上下文中讨论这些操作。

8.4.1 构建

Build

当你向版本控制系统签入代码的时候，就会触发构建这个步骤。这个步骤会为你的服务创建虚拟机或者容器。这些容器或者虚拟机可以用来装载、编译、连接源代码，以及这个服务中其他模块的代码。这个步骤也会创建这个环境的其他元素，例如初始化测试数据库、创建测试工具、创建负载均衡器、设置用于集成的配置参数，以及连接到外部的服务或模拟（mock）的服务。

构建步骤是由持续集成（CI）服务器执行的。任何影响服务模块编译和连接的错误都会触发通知发送到你的邮箱或者CI服务器的网页。这些错误可能是由不正确的接口名称、某些语言下不正确的签名，或者其他一些基础的不正确语法导致的。

8.4.2 测试

Test

集成环境中的测试步骤主要测试服务的功能正确性：每组输入是否能产生正确的输出？性能、安全性等质量问题将在后面的预发环境进行测试。

数据库会在构建步骤创建，并且填入初始数据以便进行集成测试。你希望测试用的数据尽可能地接近生产环境。你有可能会从生产环境数据库中抽取一部分数据来使用，只要不包含个人信息（personal identifiable information，PII）或者受限制的数据。尽管你希望测试服务的数据种类繁多，但依然需要限制测试数据集的规模。

我们要限制测试数据集的规模有两个原因。第一个原因是数据集的规模影响运行测试的时间。这些数据应该足够真实，以测试所有的代码路径，包括边缘情况，但你也不希望这些测试运行时间太长。测试是集成阶段比较耗时的部分，其目标是平衡时间消耗，同时尽可能多地发现问题。第二个原因是每次测试过后都应该刷新数据库。使数据库保持一致让你的测试可重复。你不希望测试失败，然后不再重现这个问题。如果数据集太大，那在测试与测试之间重置数据库就需要耗费大量时间。这两个原因都说明为什么要在这个阶段限制测试数据集的规模。

在数据库加载好后，首先执行的是单元测试。单元测试针对服务的每个模块进行测试，包括刚刚签入的模块，以及当前服务的其他模块。虽然单元测试在开发环境中也执行过，但这里会重复执行一次，主要有两个原因。第一，相比集成环境，开发环境的单元测试执行的数据库比较小。如果再次运行单元测试，就可以发现和隔离由某些特殊数据导致的错误，这比在集成测试环节发现更容易处理。第二，单元测试的集合可能已经从最初测试模块的时候扩展了。可以将回归测试或者其他专用测试添加到原始测试套件中。因为执行单元测试的速度比较快，重复执行这些测试对整个测试时间影响不大。

在单元测试以后，测试工具会执行集成测试。集成测试是针对整个服务的，而不是单个模块。集成测试可能来自质量控制小组、服务用例、基于生产环境中发现的问题的回归测试，或者来自开发团队。每个服务都由一个单一的团队负责，这个团队对集成测试负责，无论这些测试从哪里来。

8.4.3 制品

Bake

服务通过测试以后，这个虚拟机或者容器会被保存下来，用于将来的测试。

8.4.4 发布

Release

发布步骤会在制品数据库中记录多种信息，包括在制品阶段保存的与服务相关的软件包地址、所有相关模块的版本和源码、所有运行过的测试的版本号。因为测试工具以及CI服务器的问题也会导致错误，所以测试工具版本、CI服务器版本信息也会被记录下来，这样，任何没有被测试捕获的错误都可以追踪到这些工具。最后，因为服务的行为也取决于配置参数，所以这些信息也会被记录下来。

发布步骤的完成会触发预发环境。

8.4.5 销毁

Teardown

正如我们前面所说，销毁阶段就是释放所有集成环境使用的资源。

8.5 预发环境

Staging Environment

预发环境是对应用程序进行整体质量的测试。这里主要关注的是压力测试下的性能，也会涵盖安全性和其他非功能性的测试。预发环境也应该尽可能地接近生产环境。对于像Google和Amazon这样全球化的系统来说，复制生产环境是不可能的，但是，你的系统可能允许你让预发环境非常接近生产环境。

下面将从生命周期的构建步骤开始讨论。

8.5.1 构建

Build

在服务通过集成测试以后，集成环境的发布步骤会触发预发环境的构建。集成环境的构建步骤服务需要的虚拟机和容器镜像，这些镜像将运行在生产环境中。同样，预发环境也将使用这些在集成环境构建的镜像。预发环境的配置参数应该跟生产环境的配置参数保持一致，但以下这些例外。

- 使用单独的预发环境测试数据库替代生产环境数据库。

- 使用预发环境的密钥，而不是生产环境密钥。

- 模拟所有会被应用写入的外部服务。

预发环境用于测试的数据库应该是生产环境数据库的拷贝，或者至少是很大一部分，如果生产环境数据库过于庞大的话。当使用生产数据的时候，一定要注意模糊隐私数据和限制性数据。我们将在第11.1节"识别并保护重要数据和资源"中讨论模糊隐私数据的问题。

正如我们之前讨论过的，需要在测试数据量和测试时间、重置数据库时间之间有一个折中。在预发环境中运行的测试用例数量可能要比在集成环境中运行的测试用例数量少（尽管测试时间可能会更长，特别是性能测试），所以你可以在预发环境使用更大、更真实的测试数据集，同时在可接受的时间内完成测试。

8.5.2 测试

Test

在测试阶段会涉及几种不同的测试和输入源。下面从压力测试开始。

1. 压力测试

压力测试的目的是保证应用在压力情况下能保持良好的性能。大型系统的性能测试对知识和经验的要求都很高。有些软件工程师毕生都在这个领域工作。我们这里仅涉及一些很粗浅的讨论。

压力测试由定义压力、施加压力、测量应用的吞吐量/延迟三部分组成。

在定义压力的时候，需要同时考虑输入的内容和输入的时机。输入的内容应该反应将在生产系统中看到的输入分布。如果应用在生产环境中收到的请求大部分都是同一种类型，或者数据库中有一块热点数据（那些访问频率远远高于其他记录的数据记录），那么预发环境应该模拟这种行为。类似地，如果生产环境的请求以突发方式出现，或者同时出现的用户数增长非常缓慢，那么压力测试也应该反应类似的情况。

压力的来源有以下三种。

（1）压力测试工具。压力测试工具（例如Artillery）可以为应用程序生成压力。你告诉这个工具输入的描述和分布就可。这个工具会根据输入的描述生成压力，并且度量响应的延迟。

（2）回放。将生产环境的输入记录下来，然后将这个记录作为测试的输入。输入的形式有HTTP或者HTTPS请求。将这些请求按照记录的时间间隔针对新版本的应用进行回放。通过记录生产环境的响应，则对新版本的响应会有所预期。通过给请求和响应加时间戳，可以计算延迟和吞吐量。我们在第3章讨论过跨计算机的时间戳问题，但是在这里，可以通过请求方主机进行测量，这台主机同时也是接收方主机，因此，计算的延迟和吞吐率应该是一致的。

（3）复制（Tee）生产环境的"流量"。"Tee"是一个UNIX命令，可以针对一个输入流输出两个完全一样的输出流。其中一份将流向生产环境，另外一份流向测试环境。对比两个环境的响应内容，可以验证功能的正确性，对比两个环境的响应时间，可以度量延迟和吞吐率。

施加压力的方式有很多种。我们刚才提到的压力测试工具，既可以生成压力，也可以施加压力（并且可以度量响应，稍后讨论）。另外一种方式是创建一个定制的测试工具。无论采用哪种方式，都需要确保施加压力的软件不会在测试执行过程中引入自身的请求频率限制，因为需要确保你度量的是应用的性能，而不是测试工具的性能。

度量的过程需要仔细设计。其中一个度量的挑战是，精确地处理我们在第3章"云"中提到的长尾延迟。这就涉及执行超多请求的测试，以致无法记录每个请求的响应，这个度量框架必须实时计算指标并绘制延迟分布图。你需要对统计学有深入的理解才能构建或者选择一个度量框架。另外一个度量的挑战是，云的底层硬件带来的性能差异。有些物理机因为磁盘或者网络的问题可能导致运行的速度比较慢，而有些因为处理器更新而有更好的性能。性能测试应该包含足够的时间以及物理硬件，以保证可以准确地预测生产环境的性能。这些只是性能度量面临的众多挑战中的两个。

2. 安全测试

预发环境也是做安全测试的地方。主要有以下几种类型的安全测试，即运行时测试、静态分析测试、模型检查和许可合规性。

1）运行时测试

应用程序都有漏洞。漏洞是指应用程序的某个部分可以被攻击者利用来获得控制并进行破坏操作。被发现的漏洞会同时报告给厂商和集中式的漏洞收集中心，然后公开这些信息，以便系统管理员和其他人可以应用补丁程序并消除漏洞。我们将在第11.6节"安全漏洞的发现和打补丁修复"中详细讨论这个问题。

安全测试工具的厂商会非常紧密地监控漏洞的披露。开放网页应用程序安全工程（Open Web Application Security Project，OWASP）就提供了这样的工具，专注于网页应用程序的漏洞。其他安全测试工具属于渗透测试工具。它们不仅测试网页端的漏洞，也测试堆栈其他部分的漏洞。在预发环境，这些类型的工具对应用程序执行运行时安全测试。

2）静态分析测试

静态分析工具用于扫描应用程序的源代码。这些工具使用的技术与编译器用来优化代码的技术一样，只不过它们用这个技术来寻找可能导致漏洞的代码。

例如，缓冲区溢出是一个常见的漏洞。你的代码为输入缓冲区分配了一块固定数量的内存。攻击者提供了一个远超出分配内存容量的输入，这会导致一些错误，攻击者可以用来获得应用程序的控制权。静态分析工具可以保证你检查每个放入缓冲区的输入长度，以此来避免缓冲区溢出。

任何不符合预先定义的安全规则（例如，检查输入长度）的代码都会被静态分析工具标记并且报告给测试者。静态分析工具有可能会生成非常多假阳性的结果，也就是错误地标记了一些代码。好的静态分析工具会对报告内容进行严重性分级，这样测试者可以关注最严重的问题。

3）模型检查

模型检查是一种涉及象征性地测试系统所有可能路径的技术。你指定一个错误条件，模型检查器会确定这个条件会不会在你的服务中出现。当系统过于庞大的时候，模型检查器会面临状态爆炸的问题。所以，模型检查通常被应用于不超过10000行代码的系统，例如操作系统、设备驱动。

4）许可合规性

预发环境的第三种测试用于保证应用程序是否符合使用许可和组织政策。这也是通过静态分析完成的。除了公开的软件以外，其他所有软件都拥有使用许可，用于指定你可以使用这个软件的条件。如果不符合许可，你的组织可能面临法律风险，甚至可能你的客户也面临这样的风险。

不同的开源许可允许你做不同的事情。例如GNU GPL（General Public License）会限制你对软件的商业使用。有些许可不允许你修改软件。

静态分析工具会检查应用的所有代码，检查应用的许可是否符合预先设定的规则，这些规则可能是你所在组织的法务部门制定的。

当使用有许可协议保护的代码的时候，你应该明白这些不同的许可要求和你的组织所承担的责任。

8.5.3 部署到生产环境

Deployment to Production

当应用程序在预发环境中通过测试以后，可执行文件（无论是虚拟机还是容器镜像）应该被放到指定的服务器，为部署到生产环境做准备。根据你的领域和组织政策的不同，部署过程可能是自动的，也有可能需要人工授权。

与之前一样，制品信息会被存储到制品数据库。这些信息包括测试数据库的URL、任何在这个阶段使用的工具版本，以及配置参数的设置。

8.5.4 销毁

Teardown

与其他环境一样，预发环境的最后一步是释放当前环境使用的所有资源。

8.6 部署策略

Deployment Strategies

在生产环境部署一个新版本的服务并不只是安装服务的一个实例，然后把请求导入过来。因为服务之间相互依赖，所以你必须考虑兼容性。另外一个顾虑点是，当你的服务有多个实例的时候，那么需要考虑部署的顺序。在第6章"微服务"中我们介绍了"功能开关"机制，可以让你区分活跃的节点和不活跃的节点。下面将在使用功能开关的基础上讨论部署的问题。

我们先设置一个场景，并且介绍将要讨论的概念的例子。假设有一个场景，你正在开发服务A的一个模块，并且你所在的组织正在实践持续部署（持续部署可以让你的团队部署服务到生产环境而不用跟其他团队协调）。

图8.5展示了服务结构图及你的服务A的多个实例。你的服务有一些客户端（图中显示为服务C），以及有一些依赖软件（图中显示为服务D）。当前服务A的版本为A'，你期望部署的新版本是A"。服务A有多个实例在同时运行。

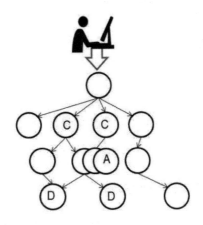

图8.5　服务结构图及你的服务A的多个实例

在这个例子中，假设服务A是一个购物车服务，它允许用户添加商品到购物车中，并计算总价和折扣。你需要更新这个服务来调整折扣的计算规则，从按单品折扣调整为总价折扣。这个更新涉及服务A、服务C和服务D。

当更新版本A'到版本A"的时候，必须保证数据的一致性。从图8.5可以看出潜在的不一致。因为你可以在任何时候更新服务A（持续部署），很有可能在服务C的团队更新他们的服务之前更新了服务A。服务C依赖版本A'，而实际运行的却是A"。同样，假设服务C在服务A之前更新了，服务C依赖的是A"，而实际运行的是A'。

这个例子我们先讨论到这里，现在来讨论几种部署策略。第一种全量部署（all or nothing）策略，是指服务的所有实例都是相同的版本，要么全部是新版本，如果有一个更新失败，那么所有服务都会停留在旧版本。第二种灰度部署（partial deployment）策略，是指刻意地让一部分服务实例更新到新版本，另一部分服务实例保持不变。

现在来讨论全量部署策略的两种不同类型。

8.6.1 全量部署策略

All-or-Nothing Strategies

通常情况是希望将A'版本的N个实例全部更新为A"，并且希望这个更新不会影响服务的质量，也就是必须有N个实例持续在运行。

这种全量更新策略有以下两种类型。

（1）**蓝/绿发布**。蓝/绿发布也称红/黑发布，或者其他颜色。这种方式首先分配N个新的实例，运行版本A"。安装服务A"的N个实例后，修改DNS服务或者中间层的发现服务，指向A"，然后停止A'的所有流量，并删除N个实例。

（2）**滚动发布**。滚动发布一次替换一个实例，从版本A'替换为版本A"。（实践中，你可以一次替换多个实例，但通常每次都是替换一小部分）滚动更新的步骤如下。

- 分配一个新的实例。

- 安装服务版本A"。

- 将请求切换到服务A"。

- 停止服务A'的流量，并且销毁这个服务。

- 重复以上步骤，直到所有实例都被替换。

图8.6显示了使用亚马逊的EC2云服务的系统的滚动升级过程。

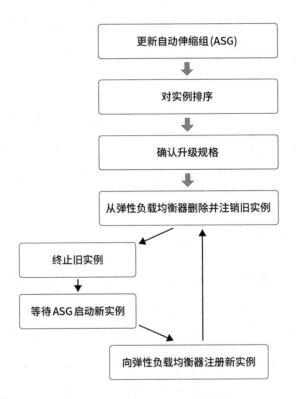

图8.6 使用亚马逊的EC2云服务的系统的滚动升级过程

蓝/绿发布和滚动发布各有优劣，主要包含以下两个方面。

（1）财务成本。蓝/绿发布的资源利用率峰值为2N个实例，而滚动发布的资源利用率峰值为（N+1）个实例。在云计算之前，团队需要购买物理机来进行升级。大多数情况下，没有进行升级，那么这些额外的物理机就是空闲的。这样，从财务的角度来看，滚动发布是更优的方案。如今，计算资源是租用的而不是购买的，财务上的优势就没有那么明显。但是滚动发布还是有广泛的应用。

（2）错误响应。假设你在部署A"的时候检测到了一个错误。尽管你在开发环境、集成环境、预发布环境进行了各种测试，那么当你发布到生产环境的时候还是会有潜在的问题。如果使用蓝/绿发布，当你在A"发现错误的时候，所有A'的实例可能已经被删除，回退到A'需要一定的时间。相反，滚动发布可以让你在发现A"错误的同时，A'还能提供服务。

我们也可能面临服务A的行为不一致的问题。从客户端的角度来看，如果使用的是蓝/绿发布，那么在任何一个时间点，要么A'在运行，要么A"在运行，但它们不可能同时运行。如果你使用滚动发布，A'和A"是同时运行的。这就会导致两类问题，我们称为临时不一致，以及接口不匹配。

接下来讨论这两种类型的不一致性。

（1）临时不一致。客户端C向服务A发出一个请求，这个请求可能会被运行A'的实例处理。回复给客户端C的响应是基于版本A'的。然后客户端C根据响应的数据发起了第二个请求，这个请求有可能被运行A"的实例处理。在这个例子中，因为你并没有改变服务API的语法，所以这个响应的顺序并没有产生错误，但是这个结果可能是错的。在上面的购物车例子中，购物车中的商品可能被折扣了两次，其中一次是A'版本的单个商品折扣，另外一次是A"版本的整体折扣。无论是蓝/绿发布还是滚动发布，都有可能产生这种类型的不一致。在蓝/绿发布的情况下，这种不一致发生在第一个请求和第二个请求中间切换从版本A'到版本A"。在滚动发布的情况下，因为A'和A"会同时运行，这种不一致在更新期间的任何时间点都有可能发生。

我们把这种情况称为临时不一致，因为这种不一致源于请求的时间点和服务版本变更时间点的不一致。这种不一致也有可能发生在以下情况：多个客户端分别发出一个请求，但是你的应用会把这些请求的结果合并。[39]

我们可以通过功能开关来解决临时不一致的问题，将安装服务A"和激活服务A"分开。以下步骤将解决服务A不同版本的临时不一致问题。

a. 在编写A"代码的时候就引入功能开关，正如第6.5节中提到的"面向部署的设计"。

b. 通过蓝/绿发布或者滚动发布安装N个实例的A"。当新的服务安装完毕以后，开始把请求发到新的服务。由于新的代码并没有启用，所以这里不会引入临时不一致性。

c. 当所有实例都更新到A"以后，通过功能开关启用新的代码。使用分布式协调服务可以保证所有实例都是同时被启用的。

（2）接口不匹配。在上面的例子中，服务C和服务A之间的接口没有变化。假设A"版本的接口不同呢？那么当服务C按照A'的方式去调用A"，就会发生接口不匹配的问题。只要涉及接口变化的更新，都可能发生接口不匹配的问题。要避免这个问题，就要求服务A的任何客户端都可以请求服务A并且得到正确的响应，无论这个请求是由A'还是由A"完成的。服务A必须处理以下各种情况：客户端C假设服务A已经更新，但事实却没有，或者客户端C假设服务A还没有更新，但事实已经更新，并且这个更新更改了接口。

无论是哪种情况，这里都会出现错误。不管是蓝/绿发布还是滚动发布，都会遇到接口不匹配的问题。

---

[39] 这里的"把这些请求的结果合并"并不是字面意义的把多个客户端的请求结果合并成一个，而是说由于更新的机制导致有多个版本的程序在同时服务不同的客户端，这些客户端请求的结果会混乱。—译者注

正如我们在第6.3.2节"版本兼容性"中讨论的那样，如果接口要求向前或者向后兼容，那就不会发生接口不匹配的问题。服务A的某些客户端可能不涉及新功能，这些客户端必须被继续支持。向后兼容意味着你需要继续支持老的接口。接口永远不会被删除[40]，如果需要修改接口，那应该通过扩展的方式来实现。在服务A内部，方法以及数据类型都可以被修改，但是对外的接口只能被扩展。这是通过翻译层来实现的，正如图6.1展示的那样。向后兼容的外部接口会被翻译成内部接口。你可能觉得这种做法很笨重（事实确实是这样），但是Google最近替换了一个从2002年开始就使用的模块，通过100多个接口扩展，版本1的接口仍然被支持。

向前兼容意味着未知的请求可以被优雅地处理。这种情况可能是客户端假设还没有部署好的接口存在，应该返回一个错误说明这个请求无法识别，而不是让这个请求失败。客户端同样需要优雅地处理这样的响应，并且尝试再次发送请求，期望请求会被路由到新版本的服务或者通过旧版本的接口重新发送请求。

如果应用程序是通过前后兼容的形式开发的，那么，当你的服务作为客户端发出请求的时候，应该知道应用程序的其他被依赖的服务将会是向后兼容的，你作为客户端，需要优雅地处理返回的错误。对于那些不在你控制范围的被依赖的服务（例如第三方提供的服务），就应该把与这类服务相关的交互都封装在一个单独的模块中，以缩小版本不一致问题的处理范围，并且在应用程序的任何地方都应该通过统一的方式处理。

---

[40] 老的接口可能会被废弃，但这只是告诉客户端不建议使用这个接口。为了保持向后兼容性，必须继续支持这个老的接口，包括适用于该接口的任何 SLA。

数据库表结构的演进

随着服务功能的演进，与服务相关的数据结构也会跟着演进。数据有可能只是简单地存储在文件中，或者以二进制的形式存储在对象存储中，但是，通常你会使用某种数据库。下面从几个常见的观点开始介绍。

首先，表结构的演进是一个广为人知的挑战，有很多书籍专门介绍过这个主题。我们会提出一些关键问题，但要意识到这不是一个新话题。其次，表结构演进对于任何类型的数据存储都是一个挑战，包括关系型数据库、NoSQL数据库，甚至简单的文件存储。在你的服务和应用上下文中，表结构定义了数据的含义。关系型数据库以及部分NoSQL数据库有强制的表结构写检查（schema on write），也就是说，你不可以添加不符合表结构的数据。还有一些NoSQL数据库以及文件存储使用表结构读检查（schema on read），也就是说，你可以写入任何东西，当读取者获取数据的时候，由读取者的代码来决定数据的含义。无论哪种情况，所有写入者和读取者都应该对表结构和数据的含义有统一的认知，这样才能发挥数据存储的作用。最后，在实践中，表结构演进的方法往往是临时的：对于同一个表结构，在某些场景适用的方法可能在另外一个场景下完全不适用。

处理表结构演进的方法之一是把表结构当成接口。表结构可以被扩展，但是现有的数据必须保持合法。服务A的任何版本都可以使用它已知的字段名来访问数据，或者对于没有字段名的NoSQL数据库，它可以正确地解析数据。

某些情况下，可以通过工具将一种结构的数据转换为另外一种结构，同时保持数据库在线。这种自动的转换需要你编写特定的转换规则，从现有的表结构演化出新的表结构。在转换完成以后，可以触发一个开关来让你的代码使用新的表结构。

8.6.2 灰度发布

Partial Deployments

有时候，你并不希望更新所有的服务实例。灰度发布可以用来实现质量控制（金丝雀测试）或者与市场相关的测试（A/B测试）。接下来将更详细地讨论这两种形式。

1. 金丝雀测试

在发布一个新版本之前，通常有必要在生产环境中对一小部分用户进行测试。以前，可以通过beta版本来达到这个目的，现在可以通过金丝雀测试来实现。金丝雀测试的命名来源于19世纪的矿场。挖煤过程中会释放煤气，并可能爆炸且有毒。因为金丝雀对于煤气的反应比人类更加敏感，所以矿工们会把金丝雀带入矿井，并观察金丝雀对煤气的反应。对于矿工来说，这些金丝雀就是危险的预警装置。

在现代软件开发场景下，金丝雀测试的意思是让一小部分测试者先使用新的版本。通常情况下，这些测试者被称为高级用户或者预览用户，来自你所属的组织之外，他们更愿意测试各种代码路径以及正常用户很少会用的边缘场景。另外一种方式是让组织内一部分开发这个软件的人员成为测试者。例如，Google的员工几乎不会使用外部用户使用的版本，他们往往作为测试者使用即将发布的版本。

无论哪种情况，测试者通过DNS设置或者发现服务的配置来访问金丝雀版本。在测试完毕以后，这些金丝雀实例会被销毁，并且DNS设置和发现服务会被恢复到正常配置。

2. A/B测试

A/B测试往往是市场人员用来测试哪个方案对于真实的用户更有商业价值。小部分但也有足够代表意义的用户会获得不同的服务。这个服务的差异可能会很小，例如字体的大小、表单的结构，或者其他大一点的改动。举个例子，eBay测试过允许信用卡付费是否会提升拍卖的参与度。另外一个例子是银行提供不同新用户开户的优惠。最著名的案例可能是Google测试了41种不同的蓝色阴影来决定由哪种阴影展示搜索结果。

A/B测试的实现方式跟金丝雀测试的实现方式一样。DNS服务器被配置为发送不同的请求到不同的版本，然后监控每个不同版本的表现来确定哪个版本可以获得更好的商业效果。

值得一提的是，金丝雀测试只会带来很小的额外成本，因为被测试的系统本来要发布到生产环境。但是A/B测试需要多种不同的实现。对于大的改动来说，会有一些浪费。

8.6.3 回滚

Rollback

并不是每个新版本都能正确地工作。在生产环境中可能会发现功能性问题或者质量问题，这就要求替换一个版本。回忆第6.5节"微服务环境"中所讨论的，你的服务有服务等级目标（SLO）。一旦进入生产环境，就要监控这些服务等级目标，以确保它们可以顺利达到。如果发现它们不能顺利达到，那么需要替换一个版本。

替换版本有两种方式：向后回滚和向前滚进。

（1）向后回滚是指用一个之前的版本来替换当前的版本。这有可能只是简单地关闭一个功能开关，或者停止新版本部署并且重新部署质量没有问题的老版本。

（2）向前滚进是指修复当前的问题并生成一个新版本。这往往要求你能快速地修复问题，并且测试部署上线。

8.7 总结

Summary

当从版本控制系统签出代码的时候，部署流水线就开始了。当应用程序被部署完并且开始处理用户请求的时候，部署流水线才结束。在这个过程中，通过一系列的工具和自动化测试来集成了新提交的代码，测试了集成服务的功能，并测试了应用程序的负载性能、安全性及许可合规性。

在部署流水线的每个阶段，都有一个独立的环境来隔离当前的阶段，并执行当前阶段的一系列操作。环境由一些显性的操作触发，并且在结束的时候释放当前环境使用的所有资源。

代码是在开发环境开发的，一般只针对一个模块，并且在开发环境中进行单元测试。当代码提交到版本控制系统的时候，就会触发集成环境。

集成环境会构建服务的可执行文件。与服务有关的所有模块都会用于构建。集成环境的测试包括功能测试、各个模块的单元测试，以及针对整个服务的集成测试。当所有测试都通过以后，这个被构建好的服务会部署到预发环境。

预发环境会对整个系统进行不同类型的质量测试。这些可能包括性能测试、安全测试、许可合规测试，也可能包含用户测试。

当应用通过所有预发环境的测试以后，就会被部署到生产环境，可能是通过蓝/绿发布的形式或者滚动发布的形式。在某些情况下，灰度发布会被用来保障应用质量或者测试市场对某些改动的反馈。

8.8 练习
Exercises

1. 编写脚本创建一个开发环境。在该环境部署一个Java模块，用来输出给定的输入是否是质数。

2. 编写脚本为应用程序创建集成环境，该应用程序会打印出前N个质数。这个应用程序需要两个LAMP架构的实例，并通过HAProxy来做负载均衡。使用JUnit作为测试工具。

3. 使用CI服务，例如Jenkins来为质数应用程序构建一个.jar包。

4. 使用Artillery模拟10和100个用户来测试习题1中创建的环境。

5. 使用Opsworks滚动部署机制，在AWS中部署一个新版本的质数生成器应用。

6. 将练习5中部署的版本回滚。

8.9 讨论

Discussion

1. 描述攻击者如何通过缓存溢出漏洞来获得应用程序的控制权。

2. 在集成步骤中，记录下制品数据库保存的所有信息。

3. 确定练习3生成.jar包使用的所有许可协议，以及这些协议引入了哪些限制。

第9章 发布以后

Post Production

在你的服务部署到生产环境以后，整个流程还没有结束。虽然你的代码没有变化，但是运行你代码的环境会发生变化，这些变化可能会对你的服务造成压力或者损坏。环境包括底层硬件、所依赖的基础架构和服务、用户创建的工作负载以及试图破坏系统的攻击者所具有的知识。正如我们在第6.2节"微服务和团队"中提到的，作为服务的负责人，要保证在各种情况下服务的正常运行。首先，要对服务进行监控，如果有性能问题，那么你会收到警报。其次，可以在生产环境对服务进行测试。最后，如果发现安全有问题，那么需要更新你的服务。

当阅读完本章后，你将了解到日志和指标（metrics）的不同，以及它们分别如何收集。你还将了解到如何设置阈值并生成警报。此外，你将学习到线上测试（live testing）以及给软件打安全漏洞的补丁，并且将涉及如何处理半夜响起的警报。

9.1 谁开发，谁运维
You Build it,You Run it

> 这里有另外一个经验教训：无论是从客户的角度还是从技术的角度，把运维服务的责任给到开发者可以极大地提高服务的质量。传统模式有一堵墙将开发和运维服务隔开，开发将代码从墙边扔过去，然后就结束。但亚马逊不是这么干的。谁开发，谁运维。这使得开发者参与到他们软件每日的运维工作，这也让开发者可以跟客户有日常的接触。客户的反馈循环对于提升服务质量是非常重要的。
>
> ——韦那·福格尔[41]

在亚马逊发展成今天这样巨大的在线平台的过程中，韦那·福格尔是亚马逊的CTO。在这个发展过程中，亚马逊让所有的开发者对上线以后的运维服务负责。这就需要给开发者配备呼叫器，当有运维问题产生的时候，开发者将是第一响应人。Google引入了一个叫站点可靠性工程师（Site Reliability Engineers，SREs）的独立角色来解决类似的问题。下面将探讨让开发者成为第一响应人所带来的影响。我们在第12.3节"站点可靠性工程"中探讨SREs。

我们从故事的结尾开始。你正在睡觉，然后你的呼叫器响了[42]。你的服务出现了问题！将自己从床上拖起来，登录到生产环境，并且查看服务的控制面板。这里涉及要探讨的另外一个主题，即什么是控制面板以及它如何获取信息。你通过控制面板发现服务的实例响应延迟非常高。然后你深入调查这个实例的信息。这是另外一个主题，即你正在看什么，以及应该看什么？你定位到这个问

---

[41] https://queue.acm.org/detail.cfm?id=1142065。
[42] 正如第 6.5 节"微服务环境"中讨论的，你可能是通过 SMS 或者其他手机上的通知来接收警报。

题是因为一块执行缓慢的磁盘——它并没有完全不可用，但是读操作花费了太多时间。重新配置该实例，将它的临时文件挪到另外一块磁盘，并且持续监控控制面板。看起来这个操作解决了问题。你给运维人员的任务列表添加了一条"更换磁盘"的任务，然后就回去睡觉了。第二天醒来后，你可以采取一种更长期的解决办法。

从这个故事中可以看到，你可以查看大量信息，并且有很多工具可以帮助你做各种分析。在本章，我们将讨论这些信息从哪里来，以及用于支持收集和展示这些信息的工具。下面先从最详细的信息开始，这些信息存储在日志中。日志是常用的挖掘问题的一种手段。然后讨论由监控系统收集的一些指标，通常是更加聚合的、总览的信息。

9.2 日志
Logs

日志是一种只增加的数据库结构，每一条记录都按照时间顺序写入，并且一旦写入，就永不修改。这些特性使得日志的写入非常高效。软件开发的早期，日志文件通常被用来记录软件执行的信息。如今，日志还有其他的作用：审计日志提供对系统和数据访问的记录，请求日志提供对服务或者数据库的请求记录。与其他日志必须高可靠不同，用于追踪bug和问题的消息日志通常采用最大努力的设计（best effort design，也就是尽最大努力达到目标，但是不保证），以获得高性能和易用性。

在前面的描述中，消息日志记录的信息最详细。这里的"消息"是对服务中某个事件的文本记录。通常来说，软件的每个元素都有它自己的消息日志：服务的每个实例、实例运行的操作系统、服务网格、实例前置的负载均衡或者数据库服务。图9.1是一个Windows 10的日志样例。应用的每个部分都会产生日志。

```
Log Name:      Application
Source:        Microsoft-Windows-Security-SPP
Date:          1/28/2019 6:52:39 AM
Event ID:      16384
Task Category: None
Level:         Information
Keywords:      Classic
User:          N/A
Computer:      DESKTOP-2M0FOQQ
Description:
Successfully scheduled Software Protection service for re-start at 2019-
01-28T13:39:39Z. Reason: RulesEngine.
Event Xml:
<Event
xmlns="http://schemas.microsoft.com/win/2004/08/events/event">
  <System>
    <Provider Name="Microsoft-Windows-Security-SPP"
Guid="{E23B33B0-C8C9-472C-A5F9-F2BDFEA0F156}"
EventSourceName="Software Protection Platform Service" />
    <EventID Qualifiers="16384">16384</EventID>
    <Version>0</Version>
    <Level>4</Level>
    <Task>0</Task>
    <Opcode>0</Opcode>
    <Keywords>0x80000000000000</Keywords>
    <TimeCreated SystemTime="2019-01-28T11:52:39.129595800Z" />
    <EventRecordID>12420</EventRecordID>
    <Correlation />
    <Execution ProcessID="0" ThreadID="0" />
    <Channel>Application</Channel>
    <Computer>DESKTOP-2M0FOQQ</Computer>
```

图9.1 Windows 10日志样例

大多数情况下，你将使用一个日志软件库，例如**log4javascript**或者Python的**logging**模块。这些库会自动为每一条记录打时间戳、记录生成日志的源代码位置，并且会提供筛选能力，所以你可以在开发环境调试的时候获得更多的信息。使用日志库也会强制所有模块、服务、应用使用相同的日志格式。[43]日志库也会处理一些细节问题，例如文件滚动（file rollover），就是当日志文件达到规定大小的时候，自动关闭当前的文件，打开一个新的文件（使用不同的文件名）。假如没有文件翻滚，日志文件的大小将会不断地增长直到磁盘空间耗尽，然后服务就会挂掉。

---

[43] 往往只有在服务出现问题的时候才会去查看日志。在我们的故事中，30 分钟之前你可能在睡觉、吃晚饭，或者在开发一个新功能，但是现在你需要去调查服务哪里出现了问题。为了让自己不那么痛苦，应该时常整理日志信息的格式，并且让每条消息的来源和意义都清晰，没有歧义。

接下来将会看到所有实例的日志后续都可能被聚合到同一个数据库中。每条日志消息都会包含服务名称以及实例ID，以便于搜索等操作。因为每一条日志记录都是由一个单独的事件触发，而警报通常需要聚合多个事件或者聚合一个时间段的事件，所以警报不是直接来源于日志。

当生成日志的时候，一定要时刻注意PII和其他敏感信息。因为日志可能会被很多人看到，所以日志不应该包含任何PII信息。

任何日志记录都会消耗一定的资源。你将消耗处理器时间来创建消息，消耗磁盘和带宽来写入消息，消耗存储来保留消息，并且消耗带宽把日志复制到一个集中的地方。理想情况下，希望只保存刚好能让你查找服务中错误的信息量。但是现实中，不知道将面临什么问题，所以你将尽可能多地保存信息，只要不影响服务的性能就可。

接下来将讨论什么样的事件，以及这些事件的什么信息应该被记录下来，并且讨论这些记录被保存在什么地方。

什么样的事件应该被记录下来？

你的服务应该记录两类信息：软件执行的技术信息和业务信息。技术信息允许你追踪服务和应用处理请求的执行情况，而业务信息则根据产品经理和市场人员关心的点来确定服务的执行情况，如完成的或者没完成的交易笔数。这里将重点介绍技术信息，因为相关的业务信息取决于应用程序的用途和服务的角色。

在最精简的情况下，应该在请求进入服务的时候，以及服务发出响应的时候记录日志。因为服务的每条日志消息都会被同一个服务实例打上时间戳，记录请求进入和退出模块或者服务的时间可以用来计算响应延迟。你有可能还会记录每个方法的进入和退出时间，这样当整体延迟很长的时候，就可以找到是哪个地方耗时很多，并定位这个问题。除了时间和错误信息，进入和退出的日志消息也应该包含被调用的服务以及请求参数。当退出的时候，记录所有退出参数或者返回代码。记录有效的错误退出返回值（造成错误退出的一个原因是下游服务没有在规定的时间内提供响应）可以预估下游服务的可用性。在第6.5节"微服务环境"中我们提到，通过Protocal Buffers传输的数据，可以通过proto编译器调用日志软件实现自动记录。从开发人员的角度来看，记录进入和退出就不需要额外的工作，尽管如我们前面所说，确实需要计算资源。

除进入和退出追踪以外，其他有用的信息包括在实例启动的时候打印实例的配置信息。如果服务拥有类似于工作线程池或者临时对象存储这样的资源，则在进入/退出时记录或者定期记录这些资源的状态会很有帮助。

在所有的分布式系统中，当请求从一个服务向其他多个服务发散的时候，关联不同的日志来追踪这个请求是一个挑战。正如我们在第3章"云"中提到的，因为你不能通过不同机器的时间戳来精确地对齐事件，应用中的所有服务必须采用一种统一的方式来标记日志消息以实现一致性。一种常用的方法是给每个用户请求添加唯一的ID，并且当这个请求在不同的服务间发散的时候，都带上这个ID。这个ID应该被记录在每一条服务调用链的日志信息中，这样就可以从日志消息中重建整个请求处理的顺序。

日志存储在什么地方？

日志以文件的形式保存在实例的文件系统中。每个服务都应该将它的日志文件放在一个单独的目录里。在Linux系统中，这个目录应该是/var/log的子目录，并且以服务名称命名。例如Apache在Ubuntu系统中的日志就保存在/var/log/apache2/error.log中。

这些实例保存的本地日志会定期被发送到运行着时序数据库的日志聚合基础设施中。常用的系统有Logstash、Splunk以及Kibana。这些日志工具要求服务镜像包含一个守护进程，用于复制本地的日志文件到日志数据库服务器。这个守护进程应该是你组织的基础镜像的一部分，或者是部署pod的一部分。图9.2展示了一个日志管理系统的架构。

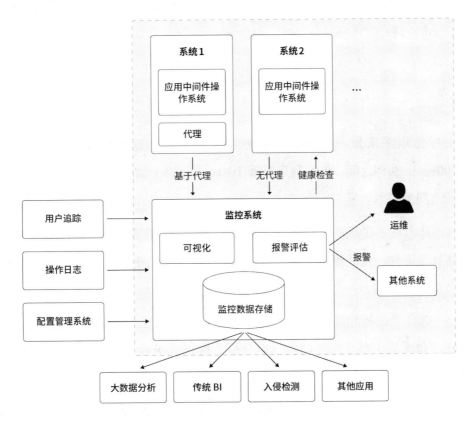

图9.2　日志管理系统架构

在图9.2中，每个输入项都是没有固定释义的文本字符串。在日志聚合服务中，每个日志的来源都有一条对应的解析语句，用于标记日志消息每个元素的含义，以及将日志信息映射到时序数据库的字段。例如，日志消息的xx-xx列表示的是时间戳，xx-xx列表示的是实例ID等。

日志聚合服务在时序数据库中保存解析过的日志。这种数据存储系统针对时间戳索引的信息进行专门的存储和操作优化。时序数据库对基于时间的操作有内建的支持，例如找出一段时间内的最小值或者最大值，或者计算这个区间的平均值或者其他统计值。这些功能对于计算指标是很有用的，这是我们接下来要讨论的内容。

指标

Metrics

指标是用来衡量一段时间的服务质量。例如，运行服务的容器在今天10:00:00到10:59:59之间CPU的利用率低于10%。从这个简单的示例可以看出日志和指标之间的基本差异。

- 日志展示了服务内部发生了什么，指标展示了服务外部可以看到什么。这个指标告诉你，虽然你的服务使用的CPU的利用率低于10%，但是无法确定在服务中花费的时间。

- 指标是由操作系统或者平台用来进行度量的。日志由服务生成，或者其他软件包生成，并且需要收集以后分析。所以，指标可以用于触发实时警报，而日志可以用来分析问题的原因。

与日志一样，指标信息可以传给特定的工具进行存储和展示，也可以将指标的存储和日志的存储集成在一个地方。将两个信息融合可以进行一些特定的分析，例如"这个特定的功能产生的CPU负载是多少？"在这个例子中，日志可以用来定位功能被调用的时间段，而指标可以用于对比不同时间段的CPU负载。

指标传递给监控工具，用于存储、聚合以及展示指标的值。这些工具也负责警告和警报。警告（alert）是指一些坏的事情可能发生，例如，数据中心的温度正在上升。而警报（alarm）是指一些坏的事情正在发生，例如，数据中心着火了。警告可以让你对具体的情况更加关注，但不需要立即采取行动，而警报则需要立即进行人为干预。

当指标的当前值跟历史数据相比异常时，就会生成一个警报。你需要设置一个阈值，当达到这个阈值的时候会生成警报。因为生成警报可能会在半夜将你唤醒，所以选择一个合适的阈值很重要。

回想一下我们曾经介绍过的，由于存在长尾，因此平均值并不是一个衡量服务的合适的指标。有些警报规则会在服务实际上没有问题的时候触发，例如"延时的平均值大于……"。一个更好的衡量指标是检查P95（按顺序排列第95%这个位置）的数据，然后设定一个规则跟这个值挂钩而不是平均值。这使得只有当有效比例的请求被延迟的时候才生成警报。

将阈值设置得过低会导致误报，而将阈值设置得过高会忽略一些应该被触发的警报。因为监控指标的值有很多噪音，触发器通常会包含一个条件，即这个值必须在一段时间内超过阈值才有效（类似于在第2章"网络"中处理网络超时的方式）。

有许多个系统可以用来执行监控和警报。其中有一些是云服务商作为服务的一部分提供，也有一些是作为自己的基础设施服务运行的独立软件包。网页https://en.wikipedia.org/wiki/Comparison_of_network_monitoring_systems 提供了部分工具的对比。大多数情况下，不需要对这块基础设施服务进行分析和选型，因为通常企业内所有的服务和应用都使用相同的监控和警报系统。这使得整个企业的指标容易聚合，并有助于高效处理跨应用的问题。

监控系统通常提供可配置的仪表盘，将数据通过易于理解的形式展现出来。例如，某个指标的展示可能包含实时数据、短期聚合数据、长期趋势以及阈值。这些值可以用不同的颜色，如绿色、橙色、红色标记来说明是正常、警告还是警报。不同的用户可以配置不同的仪表盘，例如，有的公司给全员提供一个大仪表盘。这个仪表盘展现了一个重要指标，即每分钟的销售额。作为一个开发者，你更关注的是服务的执行情况，所以仪表盘会显示一些性能信息，如处理器、网络、磁盘的使用情况。仪表盘还会包含健康监控的结果，以及与服务等级目标（SLOs）相关的指标（在第6章"微服务"中探讨过）。回想一下你的服务可能有上百个实例在运行，所以仪表盘展示的是所有实例的聚合信息，并且你也可以往下深挖来获取更加详细的信息。图9.3展示了一个仪表盘的样例。

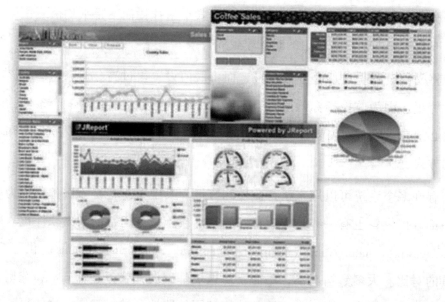

图9.3　仪表盘样例[44]

[44] By Kate07lyn - Jinfonet Software, CC BY-SA 3.0,https://commons.wikimedia.org/w/index. php?curid=13309105。

9.3 隔离/定位问题
Isolating Problems

警报是基于指标数据生成的，这些数据通常由多个机器和应用聚合而来。为了定位和排除引发警报的问题，必须从现有的指标和日志中深挖。

我们从一个简单的案例开始：你的服务运行在一台单独的机器上，并且因为高响应延迟触发了警报。这样的性能问题可能有很多原因。有可能是服务代码的问题、下游服务响应慢的问题、网络问题、来自客户端的请求过多、计算机的硬件问题，或者当前主机上其他租户的问题。此外，导致警报的原因有可能是间歇性的或者持续性的。

考虑到造成服务性能问题的原因有很多，因此需要做的第一步就是排除其中一些原因。数据来源有以下这些：处理器、内存、I/O的使用情况、请求的响应时间（你的服务收到的请求）、外部服务的响应时间（你的服务请求下游的服务），以及所有请求的错误率等。

你在这些指标数据中寻找异常。这就是仪表盘分析有用的地方。对比仪表盘日常的数据和当前的数据，可以对信息有一些洞察。此外，这个警报可能是由一个或者多个异常数据导致的。这里的关键是把主要原因和被动引发的原因区分出来。

指标数据或多或少是可以实时获取的。日志数据通常有几分钟的延迟，因为需要定期把本地数据传到中央日志聚合服务中，以及解析日志数据到时间序列数据库。所以，首先通过指标数据进行初步筛选，然后等有了日志数据后再进行详细调查。

对多个服务器的问题进行定位与对单个服务器的方法类似。检查聚合的指标数据以寻找异常，这跟单个服务器一样。当发现异常以后，再深入查看该异常是影响所有实例还是仅影响单个实例。只影响单个实例的异常往往是因为硬件问题，而影响多个实例的异常往往是其他原因。

导致警报的原因有很多，症状也很多，我们无法为你提供一个系统的程序，在每种情况下都找到警报的原因。我们的目的是给你一些想法来获取信息，以及如何理解这些信息。

9.4 生产环境测试
Live Testing

即使服务已经部署到生产环境，仍然需要进行一些测试。在生产环境进行测试的主要原因是有些环境的要素无法在其他环境复制。最常见的一个要素就是规模：如果应用程序是在全国或者全球范围内部署，那么在其他环境复制是不可能的。与此相关的是负载。随着规模的增长，生成表示应用程序在生产环境中将遇到的负载是很困难的。最后，硬件、网络以及生产环境依赖的服务也有可能是唯一的，难以在其他环境复制。

对于关键应用程序来说，这些测试非常重要。有一种测试的方法是混沌工程学（chaos enineering），意思是在分布式系统上进行实验的学科，以建立系统在生产环境中容忍抖动状态的能力。[45]实验（或者测试）会将错误引入系统。对于将要发生什么做一个假设，这也定义了测试的通过条件。系统对引入错误的实际反应决定了这个测试是通过还是失败。混沌工程学依赖于应用程序有足够的可观察性，以便能够检测（并且诊断并修复）应用程序的错误。

---

[45] 请参见 https://principlesofchaos.org。

以前，这些错误的引入可能是通过拔网线或者关掉一台物理服务器来实现[46]，但是在虚拟环境中引入这些错误就比较复杂。最著名的生产环境测试工具是Netflix的Simian Army，虽然有一些想法来自其他贡献者，例如混乱猴子（Chaos Monkey）来自Google。Simian Army的成员被称为猴子，即想象一群猴子在你的数据中心乱爬，随意拨弄开关或者插拔线缆。这些猴子包括：

- 混乱猴子（Chaos Monkey）。随机关闭生产环境的虚拟机，以确保小规模的中断不会影响整体的服务。作为一个需要24×7在线的关键应用程序的开发者，你必须为服务的失败做好准备。这些工作包括无状态操作，以及在你的服务不响应的时候快速地让客户端知道错误。

- 延迟猴子（Latency Monkey）。模拟一次服务降级，以确保上游的服务有正确的反应。这与混乱猴子类似，但这是作用于网络和网络延迟而不是虚拟机。

- 合规猴子（Conformity Monkey）。检测并没有按照最佳实践编码的实例，并且关掉它们，然后让服务的所有者来重新发布它们。这里的最佳实践包括外部可见的现象，例如生成日志。

- 安全猴子（Security Monkey）。查找出有安全隐患的实例并关掉它们。它们也会保证SSL和DRM证书没有过期或者接近过期。平台的提供者有去支持安全性的机制（参见第11章"安全开发"）。例如在AWS中，每一台虚拟机都隶属于一个安全组。通过查询AWS的功能可以检测安全组的成员资格。各类证书是保存在服务外部的，这样就可以在外部获取到并且检查是否过期。

也有一些Simian Army的成员不会引入错误。有些猴子会访问并分析每一台

---

[46] 有些质量保障团队的经理在测试过程中会"不小心"踢掉了服务器的电源线，以观察系统如何响应。

虚拟机，这些猴子利用这些能力来实现更有用的功能。

- 医生猴子（Doctor Monkey）。为每个实例执行健康检查，并且监控与进程健康相关的指标，例如CPU和内存使用率。这种监控是为Netflix应用程序定制的。

- 清洁工猴子（Janitor Monkey）。查找未被使用的资源并且丢弃它们。在云上很容易释放资源失败。查找未被使用的资源可以消灭这些资源。这些资源除了增加财务支出以外，还会带来安全隐患。虚拟机未打补丁会造成安全漏洞，这就成了攻击的目标。一旦这个虚拟机被攻破，就有可能获取到相关密钥来攻击其他正在服务的虚拟机。

在生产环境执行测试的决定往往是由公司高层做出的，因为类似混沌工程学这样的方法往往会影响多个应用程序。有一些测试可能失败，这就会影响SLA，对公司产生重大影响。在生产环境进行测试之前，公司需要对应用程序和基础设施有足够的信心，即使一些测试失败了，这些失败也不会带来灾难性的后果。

9.5 给安全漏洞打补丁
Patching Security Vulnerabilities

本章介绍的内容是服务在部署到生产环境以后如何响应环境的变化。下面将讨论与安全有关的最后一类变化，即当发现安全漏洞时如何处理。

漏洞是软件中的一个弱点，攻击者可以利用该漏洞执行未经授权的操作。各种类型的软件都可能存在漏洞：操作系统、配置管理工具、负载均衡，以及其他任何在你的环境中运行的软件。

这个问题贯穿软件开发的整个生命周期，我们在第11章"安全开发"会详细讨论。这里简单概述在部署到生产环境以后要执行的操作。首先，必须对新的漏洞发现有所了解，并且判断哪些漏洞与你的服务有关。然后，要去寻找有没有补丁去解决这个漏洞。如果有补丁存在，那么就应用这个补丁，如果没有现成的补丁，那么需要采取更重要的措施去修复漏洞，例如重新设计你的服务、移除有漏洞的软件包。最后，必须将补丁发布到生产环境，通过第8章"部署流水线"中讨论的方法。

9.6 总结

Summary

监控软件记录外部可观察的现象并生成警报。当其中一个可见现象超过当前限制时，会生成警报。这个限制的值应该足够高，这样就很少有误报，但是也应该足够低，以确保问题会被发现。因此，选择这个值是一项困难的任务。

一旦收到警报，就可以通过查找日志来确定哪里出了问题。日志记录了你的服务或者环境中其他软件发生的事件。这些日志被存储在一个中央日志数据库中。你可以综合使用指标和日志来查找问题。

除了通过指标和日志生成警报，还会在生产环境测试你的服务，通过工具来终止进程或者引入网络延时等。除了这些引发问题的工具外，还有一些工具也会在生产环境中用来提供清洁工的服务，例如清理未使用的资源。

最后，服务运行在生产环境以后，可能仍然需要根据发现的漏洞和你的服务所依赖的软件供应商生成的修补程序对其进行修补。

9.7 练习

Exercises

1. 安装Logstash并使用它来记录AWS Cloud Trail事件（或者云服务商提供的类似事件）。

2. 安装Grafana并使用它来展示AWS Cloud Watch的数据（或者云服务商提供的类似数据）。

9.8 讨论

Discussion

1. 生产环境测试会影响生产环境的实例。讨论执行生产环境测试的优点和缺点。

第10章　灾难恢复

Disaster Recovery

在第6章"微服务"中，我们谈到一些方法可以让你的微服务在某个实例或者网络出现问题的时候依然可用。我们在第6章讨论的硬件和网络错误是小范围的。本章将讨论如何处理灾难性的事件。

我们考虑的事件类型包括火灾、洪水、地震或者台风，这些可能会影响支持你业务的人员、流程和技术，也可能会影响你的公司和客户。在这样的灾难面前保持业务的连续性需要制订非常全面的计划，需要考虑非常多的因素：美国国家标准与技术研究院（NIST）列出了需要考虑的8种不同类型的计划，包括建立外部客户和内部员工的沟通计划、特定设施中人员和设备的计划等。

这里的一些名词可能容易混淆。我们将用"业务连续性"来指整个需要被关注的事情，使用"灾难恢复"来指与信息技术相关的事情。与整个业务的连续性相关的管理问题可能跟你关系不大，但是与灾难恢复相关的技术问题可能是你主要的关注点。

当阅读完本章后，你将知道如何使用**恢复点目标**（recovery point objective，RPO）和**恢复时间目标**（recovery time objective，RTO）来量化恢复目标。你将看到并不是所有的应用程序都有相同的灾难恢复要求，也将理解一些在异地恢复应用程序以实现所需的RPO和RTO的方法。

下面从灾难恢复计划的一些要素开始讨论。

10.1 灾难恢复计划
Disaster Recovery Plan

所有业务连续性计划都是一种风险缓和行为。风险可以被量化：某个事件的风险可以由该事件发生的概率乘以事件导致的损失来计算。业务连续性计划的重点是关键设施产生破坏的事件或者持续时间较长的事件。有些破坏事件是局部的，例如你的公司总部发生火灾，也有一些破坏事件是区域性的，例如台风会对几千平方英里造成毁坏。你的组织应该有一些专家或者咨询师来计算事件发生的概率以及损失。管理者们需要决策的是你的公司愿意花费多少成本来应对这些事件。

灾难恢复是业务连续性计划的一部分。正如我们将要看到的，灾难恢复计划通常涉及安全的转移应用和基础设施服务，从被灾难事件影响的地点转移到地理位置上隔离的另一个地点。灾难恢复计划包含多个层级。这个计划的一部分关注整体的恢复进程、识别备选的地点、识别应用程序依赖的基础设施服务。这个计划的另外一部分包含特定的流程用于恢复每个应用程序和微服务。

尽管灾难恢复计划的目标是恢复技术操作，但是这个计划除了技术以外，还会考虑人以及其他组织的影响。例如，当灾难来临的时候，拥有加密备份解锁权限的人正在休假。还有比如灾难来临的时候，你的客户断电了，无论你的系统是否在线，他都无法访问你的系统。这些都不在你的控制范围内。这里我们主要讨论成本因素，以及灾难恢复计划等技术方面的问题。

下面从如何制定你的恢复目标开始，这会涉及使用恢复点目标（RPO）和恢复时间目标（RTO）作为度量指标。

10.1.1 RPO和RTO

RPO and RTO

为了更好地理解RPO和RTO，我们将应用的执行过程以及将数据保存到数据库的过程进行可视化。当灾难发生的时候，你必须回答两个基本的问题：我的应用还要多久才能恢复服务？为了应对灾难，我愿意损失多少数据？这两个问题被度量指标RPO和RTO标准化了。图10.1通过图形的方式展示了这两个概念。

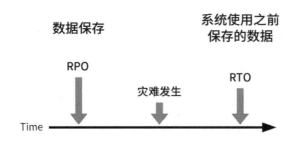

图10.1 RPO和RTO图形化表示

RPO（恢复点目标）。我拥有的数据库副本的时间点是什么？上次备份和灾难事件之间存储在数据库中的数据将丢失。假设备份是阶段性的，那么RPO就是两次备份之间的间隔。

RTO（恢复时间目标）。我们可以接受的系统不可用时间最长是多少？

对于RPO和RTO，你的第一反应可能都是"0"——你希望能立即恢复应用程序并且没有数据丢失。实现这一点的成本是多少？为了达到非常低的RTO和RTO可能非常昂贵。是什么让你值得这么做呢？把灾难恢复计划看成是一种保险。你愿意为某些有可能发生的事情支付多少保险费用？

量化成本的第一步是对应用进行优先级排序。

10.1.2 应用优先级

Prioritizing Applications

根据业务的范围和性质，你的公司可能有成百上千个不同的应用程序。这些应用程序覆盖的范围从处理产生收入的客户交易关键应用程序到统计员工休假时间的月度报告。虽然每个应用程序都对某些人很重要，但并不是每个应用程序（可能没有）都需要RPO和RTO达到"0"。例如，如果你的公司是银行等金融机构，那么保证客户可以访问账户是是至关重要的任务，而邮件服务就没那么重要，打印服务可能更不重要。反之，如果你的业务是商业打印，那么你需要优先恢复打印服务而不是其他。

根据不同的RPO和RTO，把应用程序归类到不同的恢复层级，这样可以在同一个层级的不同应用程序间共享恢复流程，简化整个恢复计划。一种常见的模型是将公司的所有应用程序分为四个层级。一级（Tier 1）应用程序通常是15分钟的RPO和RTO，二级（Tier 2）应用程序是2个小时，三级（Tier 3）应用程序为4个小时，四级（Tier 4）应用程序为24个小时。一级是关键应用程序，二级是重要的支撑系统，三级是次重要的支撑系统，四级涵盖了所有其他应用程序。

具体的RTO和RPO的值取决于公司的业务。它们的值可以不同。对于一级应用程序来说，RPO和RTO通常不一样。如果你是一个在线零售商，那么一级目标的值可能相对较小，其他层级类似。设置RPO可能依赖应用程序的负载特性及其功能：每分钟RPO将丢失多少笔交易？假如你知道丢失了一部分数据，那么能恢复吗？例如，通过检查上游服务的日志并手工创建丢失的交易数据，或者让用户重新录入丢失的交易数据。你发现为不同的层级定义RPO和RTO的值，以及给应用程序分类需要对公司的业务和策略有深度的理解。

最后需要提一下的是，确保在你的恢复计划和优先级中包含一定的软件开发功能。特别是对于小型企业来说，你的软件开发团队可能被同样的灾难影响，在恢复过程中，你需要定位和修复应用问题的能力。你的计划应该考虑到这一点。

当你给应用程序分好优先级并且设定好RPO和RTO时，就可以开始为应用程序恢复创建技术策略。在讨论技术策略之前，我们先来讨论数据中心结构以及地理分布。

10.1.3 数据中心

Data Centers

应用程序是在数据中心的物理硬件上执行的。公司可能有自己的数据中心、租用别人的数据中心、使用公有云或者混合使用这几种方式。无论是哪种情况，数据中心都是一个物理的地点，拥有大约100000台电脑以及一些关键的服务设施，例如备用电源、物理安全和访问控制、灭火系统以及空调系统。

现在假设灾难已经发生。为了讨论方便，我们假设灾难是洪水，其他灾难类似。公司已经对这类灾难做了一定的防备，例如不把数据中心安置在经常发生洪水的冲积平原上，但即便如此，洪水还是发生了。洪水影响了数据中心的所有电脑，包括路由器、网线和其他硬件设备。在洪水过后，数据中心无法运行任何软件，并且恢复数据中心的正常运行（清扫设施、晾干或者替换硬件等）需要几天甚至几个礼拜。与此同时，唯一能让公司恢复应用程序的方式是启用备用计算设施，无论是你们自己运营的还是租用供应商的。这个备用的数据中心在地理位置上应该离主数据中心足够远，以确保它们不会被同一个灾难所影响。

除了计算资源外，要恢复你的服务还需要两样东西：所有应用程序依赖的软件（包含基础设施服务），以及有效的应用数据。从主数据中心切换到备用数据中心的操作称为**故障转移**（failover），我们将在本章详细讨论这个过程。

灾难恢复策略包含三个部分：识别备用计算设施、提供所需软件、提供数据。每个部分变化的频率是不同的。峰值计算需求改变非常缓慢，所以备用计算设施的选择通常每年才评审一到两次。而软件变化很快。如果你使用持续交付/部署流水线，正如第8章"部署流水线"提到的那样，那么软件可能每天都要改变很多次。最后，数据几乎是每时每刻都在变化，因为每个用户请求都会导致数据变化。

这三个部分定义了达到预定的RTO和RTO所需要做的工作。为了满足RTO的要求，你必须在备用地点重新准备所有的软件和数据，这需要时间。为了满足RPO的要求，你必须为软件和数据持续地生成快照，并且安全地传送到备用地点。

很多关于灾难恢复的思考和方法都是在云计算出现之前产生的。公司要么拥有自己的数据中心或者要么租用共享的数据中心。因为计算机硬件是一种相对昂贵的资源，所以灾难恢复方法的重点是将成本降到最低。云计算改变了一些成本考虑因素，但其他许多考虑因素，例如安全地将数据传送到备用设施所需的时间等没有改变。

通常，灾难恢复有四种方法。请注意，这里的四种方法和之前提到的应用程序的四个层级并没有一一对应关系。我们从提供最长RTO的方法开始讨论，并朝着最短RTO方向努力。

冷备地点（cold secondary location）：这个地点有可用的空间、基本的电力和冷却设施，但是没有计算设备。在软件和数据恢复之前，必须购买并安装计算硬件，这至少需要几天时间。这种方法成本最低，对于员工使用的某些应用程序或服务可能是满意要求的。例如，你的软件开发团队可以使用此方法来恢复完整的软件开发能力。

热备地点（warm secondary location）：热备地点有可用的空间、电力、冷却、计算硬件和网络连接。也可能有一些基本的基础设施服务，例如第3章"云"提到的管理网关，但是软件和数据并没有装载。假如你的公司没有使用云计算，热备地点可能是自建的或者租用来作为非关键应用程序的主要计算设施。当灾难发生的时候，非关键应用程序就被移去别的地方，关键应用程序就用这个设施来恢复。恢复关键应用程序最少可能需要几个小时。如果你的公司使用公有云，热备地点可能是同一个云厂商的另外一个可用区，或者由另外一个云厂商提供。

准生产备份地点（hot secondary location）：准生产地点拥有所有热备地点的特性，并且还额外装载并运行了最新的软件和基础设施服务。但是，准生产备份地点并不拥有最新的应用数据。企业经常会对数据进行切片以提高系统性能。例如，每个地理区域（例如北美、亚洲、欧洲）都在当地的数据中心部署一份销售应用程序，区域之间仅共享统计数据。当一个区域发生灾难性事件的时候，另外一个区域的数据中心就可以作为准生产备份地点使用。在这个地点恢复服务只依赖装载应用数据的时间。

镜像备份地点（mirrored locations）：正如其名，镜像备份地点拥有跟生产环境完全一样的软件和数据。在这样的配置下，RTO和RPO真的可以做到为"0"。在云计算和分布式数据库流行之前，部署镜像地点对于企业来说是非常昂贵的，通常只有要求24/7可用性的企业才会这么做。如今的技术已经极大地降低了成本的门槛。不同于其他几个灾难恢复计划的方法，这种方法要求应用在设计之初就考虑到支持镜像的数据。这有可能会影响性能，正如PACELC权衡[47]提到的那样。并且这种方法通常会增加应用程序设计的复杂度，因为应用程序必须在出错的时候在各个镜像地点中进行协调，即使是非灾难性的错误。无论如何，对于很多需要低RTO和RPO的应用程序来说，云计算使得这种方法可行。

如果企业正在使用商业的云服务，如何定义之前提到的"地点"呢？正如我们在第3章"云"提到的那样，大部分大型云服务商都会为它们的基础设施划分区域。每个区域都会被划分为多个**可用区**（availability zones）。一个可用区就是一个逻辑数据中心（可能是离得不远的多个物理建筑），拥有独立的电源、冷却、网络连接等。同一个区域的两个可用区同时出现问题的概率是很低的。对于热备、准生产备份、镜像备份三种方法来说，你的生产环境可以部署在一个可用区，备份环境可以放在另外一个可用区，但这两个可用区都在同一个区域。当你在申请云资源的时候，云服务商可能是自动分配可用区，但是对灾备而言，你应该明确指定使用哪个可用区。

---

[47] 请参见丹尼尔·阿巴迪的著作，总结在这里 https://en.wikipedia.org/wiki/PACELC_theorem。

如果企业没有使用商业的云服务作为主要的运营节点，云上的一个可用区可以作为冷备地点或者热备地点的选择。对于冷备地点来说，企业需要选择一个云服务商，然后创建企业以及个人账号用于在云上进行灾难恢复操作。这里几乎不会产生费用，除了做灾备演习（下面讨论）。对于热备地点来说，你需要复制软件和数据到云存储，这就会产生一定的存储费用，但不会产生除了测试以外的运行费用。

当你确定了备份地点的策略以后，就需要提供与应用程序相关的软件、数据和基础设施服务。我们先来讨论与数据相关的问题，从2~4级应用开始。这些应用程序的数据是阶段性的备份，并且不在当地保存。然后讨论如何在备份地点恢复软件和数据。

10.2 2~4级应用程序的数据管理策略
Data Strategies for Tier 2-4 Applications

当灾难发生的时候，你必须假设所有受影响的数据中心的数据都丢失了。为了恢复数据，你必须拥有一份备份数据。备份的频率是由RPO决定的。如果我们承诺RPO设定为上文讨论的那样，对应到每个应用程序级别，那么4级应用程序应该是每天备份一次，3级应用程序每4个小时备份一次，2级应用程序每2个小时备份一次。

接下来要考虑的问题就是存储的介质以及备份存放的地点。这跟以下两个问题相关。

（1）备份地点的在线存储是不是一直可用？换句话说，就是生产环境可以通过网络访问并操作备份地点的存储。如果你采用热备地点或者准生产备份地点就需要满足这个条件。在这种情况下，数据就可以在另外一个数据中心备份。复制是从一个数据中心的磁盘复制到另外一个数据中心的磁盘的单向操作。如果备份数据中心的存储不是一直在线的，那只能把备份数据存储到磁带上。

（2）应用需要备份的数据量有多少？通过因特网转移大量数据是非常缓慢的。数据中心之间的网络传输速率取决于你向供应商采购了多少带宽，通常是150Mb/s。[48]因为一个byte有8个bit，所以这个传输速率也可以由Mbyte来衡量。现在你应该能理解这个笑话"把万亿字节（terabyte）的数据从纽约传输到旧金山，最快的方式是什么？找一个直飞航班，邮寄一盘磁带。"

存储的介质一般是磁带或者磁盘，这里的选择通常取决于以下几个因素，备份数据中心的地点、备份的数据量与备份所需要的时间。这些值可以帮助你决定使用什么介质来存储。

当给笔记本电脑做备份的时候，你可能会使用增量备份。对文件系统做增量备份，只复制自上次备份以来被修改的文件，这就比复制整个文件系统要节约很多时间。这种方法对于备份个人笔记本电脑是有效的。但是对于应用程序来说，这种增量备份就没有优势。因为应用程序多少会包含一些超大文件（例如关系型数据库或者非关系型数据库），并且这些文件一直在变化。但是数据库通常会创建操作日志，用来记录对于数据库文件的修改。这些日志文件相比整个数据库就要小很多，可以增量备份。对数据库进行灾难恢复就是一个恢复操作日志，并且执行操作对数据库进行修改的过程。所有增量备份都会面临一个

---

[48] 当你在同一个云服务商的可用区之间传输数据的时候，这些数据存在于云服务商自己的网络上，你可能会发现传输速度比我们这里讨论的互联网速度快很多。

问题，就是随着时间的推移，会达到一个平衡点，恢复和应用操作日志所需要的时间跟执行数据库的完整备份所需要的时间一样。通常结合两者一起使用，偶尔使用全量快照备份，以及日常高频的增量操作日志备份。

最后再提几点关于可移动备份介质的注意事项。第一，在备份完成以后，这个介质必须马上从当前地点移除。执行一小时一次的备份，却让备份介质在柜子里等待配送人员是达不到预期RPO的。假如灾难发生了，你的配送人员可能正在停车场停车。第二，因为存储介质将物理上离开数据中心，因此所有的备份必须是强加密的。备份介质的丢失或者被盗是数据泄露的常见原因。备份加密就涉及密钥管理，这也是灾难恢复计划的一部分。

10.3　1级应用程序数据管理
Tier 1 Data Management

对于具有严格RPO的应用程序来说，面临的情况完全不同。我们之前讨论的针对2级应用程序到4级应用程序的数据管理方法依赖的是应用程序之外的数据备份。对于1级应用程序来说，数据管理策略会依赖应用程序的数据类型和处理方式。几乎在所有情况下，该策略的选择会影响应用程序和服务的架构设计。现在从交易型数据开始讨论，RPO的要求是交易型数据必须保证零丢失。

为了达到这个RPO，需要在备份地点保存一份实时更新的应用程序数据。复制的过程可以是双向的（通常称为双主（master-master）配置），也就是其中任何一份数据都可以修改，然后这个修改会被应用到另外一份数据上。之前讨论的镜像备份地点依赖双向数据备份，这就要求使用特殊的技术来保证两个地点的数据一致性。这通常是在数据库（无论是关系型数据库还是非关系型数据库）中完成的。正如我们在前面讨论镜像备份地点时所提到的，这种方式总会带来一定的性能损失。

复制的过程也可以是单向的（通常称为主从（master-slave）配置），也就是数据只在一个地方修改，另外一份只做备份。这比双向复制要简单一些。对于某些应用程序，虽然你的RPO为"0"（没有交易数据丢失），但是你的RTO可能不为"0"。也就是应用程序有一段时间的不可用是可以接受的，在应用程序恢复之前不会有新的交易产生。单向复制可以满足这样的要求，并且比双向复制要简单。

交易数据只是应用程序数据的一种。对于1级应用来说，还有其他类型的数据。

• 无需复制的数据。有些数据，如session数据，是不需要被复制的。在这种情况下，用户可能在灾难恢复以后需要重新登录。至于这一点是否可以接受是业务决策而不是技术决策。但是，如果某些数据可以接受被丢失，那么将会影响技术方案。

• 低频修改的数据。例如网页静态资源、视频、图片等是几乎不会修改的数据。虽然应用程序将它们当成数据，但可以通过配置管理系统（第7章"管理系统配置"）讨论过）在备份地点保存这些数据。配置管理系统将使用下面讨论的方法来把这些几乎不变的数据当成软件来处理。

10.4 大数据

Big Data

上面提到的数据管理策略都假设数据存储在主数据中心。对于2~4级应用程序来说，备份并恢复这些数据是可行的。但是有些应用程序会跟所谓的"大数据"打交道。对于大数据的非正式定义是大到无法备份的数据。大数据通常由复杂的分布式数据库来管理，通过将数据分割成块，我们称为分片。每个分片都有多份拷贝分布在不同的数据中心，数据库的分布式协调机制用来保障这些分片的一致性[49]。数据库系统被配置成能抵抗灾难造成的单点失败，甚至有些被配置成能抵抗多点失败。

如果应用程序使用了某个分布式的数据库系统，那么这个系统应该部署在准生产备份地点或者镜像备份地点。这样，当应用程序在备份地点恢复的时候，可以及时地访问数据。如果使用冷备地点或者热备地点，则需要在这个分布式数据库系统中添加一个新的地点。并不是所有的分布式数据库都支持添加新地点，即使支持，新地点的上线时间也会比较长，通常在10个小时以上，因为大规模数据的复制需要大量时间。

10.5 备份数据中心的软件

Software at the Secondary Location

灾难恢复计划的第三个部分是确保备份地点有正确的软件来运行你的应用程序。这里也有多种不同的策略，你可以根据RTO以及安装软件的时间来进行

---

[49] 这里的一致性程度取决于你选择的数据库系统以及如何配置它。请参见 https://en.wikipedia.org/wiki/Consistency_model。

选择。你可以从源代码编译开始，也可以复制编译好的软件包后组装成镜像，还可以直接复制镜像。无论使用哪种方法，你都应该重复利用基础设施，即代码的脚本以及配置管理工具，这些我们在第7章"管理系统配置"中都介绍过。这里需要注意的是，当进行灾难恢复的时候，你将在备份数据中心恢复多个应用程序，这可能会影响配置管理工具的性能。你应该在故障转移测试期间观察并度量这里的性能，考虑并策划详细的灾难恢复过程以管理配置管理工具上的负载。

同样，不同应用程序的级别适用不同的策略。

10.5.1 2~4级应用程序

Tiers 2-4

对于2~4级应用程序来说，上面提到的任意一种策略都是可行的。需要编译的工作越少（例如复制完整的镜像去备份地点），通常会减少恢复的时间，代价是将更多镜像复制到备份地点，然后将这些镜像存储在备份地点。为了保障恢复后系统行为的正确性以及兼容恢复的数据，我们必须确保恢复的软件版本跟主数据中心执行的软件版本是完全一致的。我们要关注主数据中心软件变更的频率。如果软件每小时都在变更，而需要4个小时才能将镜像复制到备份地点，当灾难来临的时候，那么你将无法保障备份地点软件版本的正确性。

如果使用的是热备地点，每次部署流水线（参考第8章"部署流水线"）在生产环境执行部署的时候，那么你应该可以在热备地点使用相应的计算资源从源码开始构建应用程序。这些构建出来的镜像将被保存在备份地点。

10.5.2　1级应用程序

Tier 1

由于1级应用程序几乎都会使用准生产备份地点或者镜像备份地点，正如我们在第8章"部署流水线"中提到的那样，备份地点就成了生产环境的一部分。每次部署流水线进行生产环境发布的时候，备份地点的软件也会被同步更新。

在准生产备份地点运行的1级应用程序应该是静默执行的，也就是说，它不应该有任何的输出来影响主数据中心应用的行为或者修改备份数据库。如果应用程序是事件驱动的，静默执行通常是通过不向备份地点发送事件来实现的。当故障转移发生的时候（参考第10.5.3节的内容），事件将被重定向到备份地点以做出响应。

10.5.3　其他数据和软件

Other Data and Software

上述讨论关注的是与应用程序相关的数据和软件。你或者团队内的其他人也必须考虑应用程序所依赖的所有软件和数据。首先要考虑的是直接依赖，例如基础架构服务。有些基础架构服务拥有持久化的数据，并且会频繁地修改，例如认证和授权服务。这些数据的RPO可能"0"。

另外一组重要的依赖项是开发工具链以及部署流水线工具链。如果恢复计划是从源代码开始构建软件，那么RTO必须包含恢复开发工具链的时间。

我们注意到最后一组依赖项是许可和授权密钥。如果应用程序、基础设施服务，或者开发工具使用了需要商业许可的软件，那么备份地点的软件必须也拥有所需的许可或者密钥。

通过上述讨论，你会发现灾难恢复计划是非常复杂的。大公司往往会雇佣一个团队来做这件事情，小一点的公司依赖咨询顾问来制订这些计划。无论公司的大小，这些灾难恢复计划都应该经过风险管理专家的审计。

10.6 故障转移
Failover

现在你已经实施了灾难恢复计划，指定了备份地点，并且数据和软件在灾难来临的时候都可以恢复。正如上文所提到的，当灾难来临的时候，从主数据中心向备份数据中心切换的过程称为**故障转移**（failover）。

故障转移的过程有三个动作：首先是触发切换，然后是激活备份数据中心并且恢复数据和软件，最后是在备份数据中心恢复运营。

在这些阶段中，每个阶段会发生什么？你如何测试每个阶段的有效性？这些是本节要介绍的内容。

10.6.1 手动故障转移
Manual Failover

我们考虑的第一种情况是手动触发故障转移，也就是由一个人来决定并执行这个切换的操作。触发故障转移的决策会带来业务影响。对于某些应用程序来说，一旦故障转移流程开始，在整个恢复过程完成之前，那么这个应用程序在主数据中心以及备份数据中心都是不可用的。无论是这样或者那样的原因，许多公司都让一个人来评估事件的规模和影响，然后手动触发故障转移。

激活备份数据中心，并且恢复软件和数据应该是脚本化的，这样就可以通过一个命令或者一个按钮来完成。对于采用冷备地点的应用程序来说，在恢复软件和数据之前，需要一个相对漫长的过程先安装硬件来激活网络。对于热备地点来说，软件可以立即装载及运行，并在线移动备份数据。如果应用程序采用的是准生产备份地点或者镜像备份地点，那么这些软件应该是已经在运行，甚至数据也是同步运行的。

要完成备份地点的激活任务，还需要将用户请求从主数据中心切换到备份数据中心。这通常是通过修改DNS配置来完成的。在这一步完成之前，用户请求还是会被发送到主数据中心（已经故障）。如果可能的话，还应该在主数据中心通知用户"临时服务故障"这样的信息。根据灾难来临时速度的不同，也有可能无法发出这样的信息。最后还有一点需要注意，虽然看起来很明显：用于激活备份数据中心的脚本不应该在主数据中心执行。

当完成了激活和恢复任务以后，应用程序就可以在备份地点恢复运行了。

10.6.2　自动化故障转移
Automatic Failover

正如你在本节看到的，自动化故障转移非常复杂，并且有一个小的风险是触发了不必要的故障转移。出于这些原因，自动化故障转移通常应用在RTO非常短的应用程序上，其中人工决策和操作所需的时间太长。对于这些应用程序来说，你将使用准生产备份地点或者镜像备份地点，所有的软件和数据与主数据中心都是一致的。如果错误地触发了故障转移，那么主数据中心和备份数据中心会同时运行，这有可能导致数据的不一致。

为了实现自动化触发故障转移，针对主数据中心进行监控的基础设施应用程序必须检测到一个故障。而分布式系统故障检测的可靠性问题是一个永恒的计算机科学问题，你会发现这个领域的研究文献可以追溯到20世纪80年代。回想一下，我们在第6章"微服务"中讨论了区分响应速度慢的服务和响应失败的服务的困难。

你的故障探测器不应该生成假阳性响应，也就是说，假如主数据中心没有实际发生故障，则它不应该报告检测到故障。假阳性报告可能会导致数据不一致，因为有两个数据库同时以主数据库的方式在运行。如果RPO允许你使用缓慢的复制方法，那么备份地点的数据库可能会拖慢主数据中心的运行。那什么原因会导致假阳性的判断呢？

- 数据中心没有出现故障，只是主数据中心的一台虚拟机出现故障。你的应用程序是在一台或者多台虚拟机上执行的。你在备份数据中心监控这些虚拟机的健康状况，并且发现虚拟机没有响应。不响应可能是因为主数据中心的灾难造成的，也有可能只是某台虚拟机出现故障造成的。如果是后者，则只需要在主数据中心重新初始化一台新的虚拟机，而不是启动故障转移到备份数据中心。

- 虚拟机或者数据中心均没有出现故障，只是虚拟机响应速度慢。这有可能是负载过高造成的，也有可能是某个依赖的服务响应速度慢。

- 两个数据中心之间的网络出现故障或者拥塞。这种情况下，健康状况检查会失败，但并不是主数据中心出现的故障造成的。

综上所述，自动化故障转移只应该在需要严格RTO的情况下使用。假阳性这种情况下带来的数据不一致的风险可以通过分布式协同系统来改善，如我们在第3.4节"分布式协同"中所述。数据库的写操作可以在分布式协同系统中缓存起来，直到两份数据库拷贝都认可这个操作。这将导致写操作速度变慢，因为分布式协同系统不会像单一数据系统那样响应速度快，但它可以避免数据库数据不一致的问题。

总结一下本节的内容，自动化故障转移只应在RTO的要求小于人工响应时间的情况下使用，并且需要一些特殊的安排来避免主数据中心和备份数据中心之间的数据不一致问题。

10.6.3 测试故障转移过程
Testing the Failover Process

与其他软件制品一样，你应该测试在故障转移期间用于激活和恢复的脚本。至少，你应该在生产环境有变化或者备份环境有变化的时候测试这些脚本。因为环境和软件的变化可能会导致一些未被识别的依赖产生，这些可能会破坏脚本的执行，你也应该定期执行测试来发现这些问题。定期测试也可以作为对相关人员的培训和实操演练。

与其他软件制品不同的是，测试这个脚本比较困难，除非你愿意让所有客户真的故障转移到备份数据中心，并接受由RTO和RPO定义的不可用时间和数据丢失。因为这一点是无法接受的，所以在测试这个脚本时，必须接受以下三个挑战。

（1）你不希望中断对用户的服务。如果你的公司可以接受计划维护时间，那这个测试可以正常完成。在执行任何测试之前，请确保生产数据库已经备份好，以防意外损坏，并在测试失败时分配足够的测试时间来恢复生产数据。如果你的公司不能接受计划维护时间，那么一种可选的方案是使用预发环境来测试故障转移。根据预发环境和生产环境的相似程度，你可以从预发环境的测试结果中大概推断出这些测试在生产环境的执行结果。

（2）测试失败，并且生产数据库损坏。这种情况有可能发生，如果故障转移允许备份地点写入数据库，那么这个写入的操作会被同步到生产数据库。如果应用程序支持，那么可以在测试过程中将备份地点的数据库配置为只读。或者，如果数据库足够小且很容易复制，那么可以使用独立的拷贝来执行这个测试。

（3）你的客户收到来自备份地点的消息。因为当真实的灾难发生的时候，这种行为是预期中的，所以这些消息在测试过程中不应该被忽略。

10.7 总结
Summary

公司应该有能力在灾难后恢复运营。为了实现这个目标，需要提前计划。这个计划是由恢复点目标（RPO）和恢复时间目标（RTO）来驱动的。这些值对于不同的应用程序会有所不同，并且这些值会被用来对应用程序进行优先级分层。1级应用程序的RPO和RTO值最小，恢复时需要最详细的规划。

你需要在备份地点拥有一个数据中心，并且拥有在数据中心备份和恢复生产数据库和软件的方法。配置管理系统可以帮助软件在两个数据中心之间保持一致性，以及数据库管理系统（有可能使用了分布式协同服务）可以用来保持备份数据库和主数据库的同步。

故障转移过程应该是由脚本来执行的，这个脚本可以是手工触发或者自动触发。无论采用哪种方式，这个脚本测试都会比较困难，因为测试过程中有可能影响到生产环境、破坏生产数据库或者让用户收到测试过程中产生的信息。

10.8 练习
Exercises

1. 安装MySQL并以主从的方式进行跨区域性复制。这个同步的延时是多少？

2. 编写一个脚本，将当前的从数据库变成主数据库，当前的主数据库变成从数据库。

3. 修改DNS服务器，以便将请求发送到备份数据中心。

10.9 讨论
Discussion

1. 找到你们公司的主数据中心所在的位置，并对该数据中心的区域最近发生的灾难进行评估。

2.关于RPO的定义与图10.1有些不一致，不一致在哪里？

第11章 安全开发

Secure Development

在第5章"基础设施的安全性"中，我们讨论了保障通信和数据安全的技术。本章将会讨论开发人员交付安全系统所必须执行的一些工作。

当你看完本章后，你会学到：

- 不同类型的关键数据和资源；

- 如何管理服务和个人权限；

- 一些用来开发安全服务的技术；

- 安全漏洞的报告以及补丁管理流程；

- 软件供应链和一些用来保护并防止恶意软件进入供应链的技术。

正如我们在第5章中讨论的，安全开发的第一步是确认和保护重要数据和资源。我们会基于之前已经开发的微服务作为背景开始本章。

11.1 识别并保护重要数据和资源
Identify and Protect Critical Data and Resources

几乎每个系统都包含一些需要保护的数据或资源，以维护CIA的机密性、完整性和可用性。你会担心法律法规或合同协议确定要保护的数据的机密性，或者恶意访问可能损害公司声誉的数据的机密性。在某些系统中，需要保护资源（例如API）免受恶意使用，以保护合法用户的系统可用性。你的服务可能会用在信息物理融合系统中，其中对软件资源的恶意访问会破坏数据的完整性，从而可能对人员或财产造成物理伤害。

有几类数据必须受到保护。第一类是用于系统访问的用户凭据，即用户ID和密码。尽管有相关的提醒建议，但人们还是在多个系统上重复使用同样的ID和密码，从你的系统中获取此类信息的攻击者将尝试使用这些认证对其他相关系统发起认证填充攻击。尽管你的系统里可能没有任何对攻击者有价值的东西，但你的用户凭据可能会用来解锁其他更有价值的系统。因此，无论服务的其他数据和资源是否需要安全保护，任何用户的ID或密码都必须受到保护。

第二类必须被保护的数据是公司的敏感数据。诸如商业计划书、销售数据和产品规格之类的信息对于公司的竞争对手而言都很重要。你应该广泛考虑哪些数据至关重要，例如，了解公司正在运行的A/B测试可能会为竞争对手提供有价值的信息。[50]甚至非营利组织也有必须保护的敏感数据。政府组织可以将数据分为机密、最高机密或需要特殊处理的其他分类。

法律法规定义了另一类必须保护的数据。在美国，**个人身份信息**（Personally Identifiable Information，PII）表示可以单独使用或与其他信息结合

---

[50] https://blog.jonlu.ca/posts/experiments-and-growth-hacking。

使用以区分个人身份的信息。这包括姓名、出生日期、邮政编码或电子邮件地址等信息、政府颁发的ID号（如社会保险号）、金融账户信息等，还包括如母亲的姓氏或第一个宠物的名字之类的辅助信息。决定哪些数据是PII，取决于上下文，并且可能由于其他可连接信息的公开化而随时间变化。在实践中，对PII的关注已被欧盟（EU）的通用数据保护法规（General Data Protection Regulation，GDPR）取代，该法规规定组织如何获取和处理范围更广的一类数据，即个人信息。GDPR规定了如何处理有关欧盟居民的个人信息，并且包括对数据处理不当的罚款。因为它适用于有关欧盟居民的数据，而不管持有该数据的组织在哪里或在何处运营，所以GDPR产生了全球影响。GDPR广泛定义了个人信息，即直接或间接与个人有关的任何信息，包括照片、社交媒体帖子和位置（地理位置和IP地址）。

美国和欧盟都将与健康相关的数据和生物识别数据作为PII或个人信息的子集。在美国，个人医疗数据由健康保险可移植性和责任法案（Health Insurance Portability and Accountability Act，HIPAA）单独监管，欧盟将其指定为敏感的个人数据。访问此类数据可能需要当事人明确同意并对所有访问做审计记录。

另一个法律上的顾虑是，有些国家指定某些数据不能在该国边境以外传输或储存。如果你的公司使用商业云供应商，则需遵守这个要求，需要额外注意选择用于计算和存储的云区域，并注意商业云供应商提供的基础设施服务如何处理数据。

某些关键数据必须根据合同协议而非政府法规来管理。其中一个例子是支付数据符合支付卡行业数据安全标准（Payment Card Industry Data Security Standard，PCI DSS，或简称为PCI）。任何接受信用卡付款或处理付款的供应商都必须遵守这些标准，作为与信用卡发行机构达成协议的一部分。PCI DSS涵盖了存储和传输持卡人姓名、卡号、安全码和有效期，以控制信用卡欺诈。

以法律或合同方式保护相关特定数据的做法超出了本书的范围，因为这从技术领域跨越到了法律领域，因此本书中的任何内容都不应被解释为法律建议。大多数商业和政府组织都有相关如何识别和处理此类数据的指南或政策，并且公司可能会将这些政策体现为特定的技术指南。

以下列举了一些大部分公司会采取的数据保护实践。

（1）避免收集关键数据（如果可能的话）或尽量减少获取和保留的关键数据量。例如，在存储之前可以对数据进行匿名化或去ID化，以使数据无法追溯到个人。

（2）在静止和移动时加密关键数据（在磁盘和网络上）。关键数据包括证书和公司敏感数据，以及受法律、法规或合同保护的数据。

（3）使用可以将关键数据与其他数据区分开的数据模型和机制。这提供了一些好处。关键数据的访问控制可以分开。业务分析只能使用非关键数据，从而允许尽快删除关键数据。最后，你可以对每种类型的数据使用不同的存储服务，以符合地理存储限制。

（4）不要在日志中暴露关键数据。当生产环境中出现问题时，日志文件很少会被加密，并且会展示在许多屏幕上。某些情况下，如果问题可能与现成的商用软件或云供应商有关，那么还需要与它们共享日志文件。

除了数据，还必须保护关键资源。美国国家科学技术研究院（National Institute of Science and Technology，NIST）出版物800-53中提供了保护关键数据和资源的技术项列表（约200项）。[51]攻击关键资源的原因有两个：抑制服务的可用性（CIA中的A）或作为获取关键数据访问权限的手段（C）。资源包括物理资源和虚拟资源（基于真实资源的抽象），例如：[52]

---

[51] https://nvlpubs.nist.gov/nistpubs/SpecialPublications/NIST.SP.800-53r4.pdf。
[52] https://www.ibm.com/support/knowledgecenter/en/ssw_aix_71/com.ibm.aix.performance/id_crit_resources.htm。

（1）CPU。你可以通过配置你的操作系统进程调度和通过容器或者虚拟机设置物理CPU利用率的限制来保护CPU的利用率，从而防止被滥用。

（2）内存。最近一项研究发现，微软公司产品中70%的安全漏洞归因于内存安全缺陷。[53]这包括读取未初始化的内存和读取或写入服务分配的内存空间之外的内存。开发服务时可以采取的措施包括使用安全的编码实践，例如Open Web Application Security Project（OWASP）所提倡的那些。[54]

（3）磁盘空间。通过设置虚拟容器和虚拟机的磁盘大小，以及设置容器或虚拟机的磁盘I/O（通常云供应商称为IOPS或每秒输入/输出操作的次数），可以防止磁盘容量被滥用。

（4）网络访问。使用云服务提供商时，保护网络访问比保护其他资源更具挑战性。网络带宽限制可能隐含在你为虚拟机选择的实例类型中（有关实例类型的介绍，请参见第1章"虚拟化"），但这些限制是以定性的方式声明的（例如高速带宽或中速带宽），这些限制的确切数值可能会随着时间的改变而改变。防火墙规则可以将传入连接限制在客户端运行的IP地址范围内，而将传出连接限制为你运行的依赖服务的IP地址范围内。但是，这增加了服务之间协调部署配置的需求。

另一种可能需要保护的资源是服务的API。访问控制（例如，在第5章"基础设施的安全性"以及下文讨论的那样）为API和其他关键资源提供了一些保护。以下用于保护Web应用程序安全的实践列表来自Wikipedia。[55]

---

[53] 2019 年 2 月 7 日，BlueHat IL 的马克·米勒。https://msrnd-cdn-stor.azureedge.net/ bluehat/ bluehatil/2019/assets/doc/Trends%2C%20Challenges%2C%20and%20 Strategic%20Shifts%20in%20the%20Software%20Vulnerability%20Mitigation%20Lands cape.pdf。

[54] https://www.owasp.org/index.php/OWASP_Secure_Coding_Practices_-_Quick_ Reference_ Guide。

[55] https://en.wikipedia.org/wiki/Software_development_security。

- 审查客户端和服务器端的输入。SQL注入是一种常见的漏洞类型，它将恶意SQL查询嵌入API参数中。其他攻击包括提供过长的输入以导致缓冲区溢出，这是内存安全攻击的一部分，或者提供大量的随机数据来影响服务的性能和内存利用率。在对API输入参数进行任何处理之前对其进行审查和验证，将有助于保护你的服务。

- 对请求/响应进行编码。HTTP/HTTPS协议允许你指定API接受和响应的字符编码，并允许你更严格地验证API的输入。

- 仅使用最新的加密算法和哈希算法。NIST提供了当前经过验证的算法和实现的列表。你应该把对算法和算法配置的选择限制在这个列表中。

- 不允许HTTP/HTTPS请求列出目录。允许恶意用户在你的服务中四处浏览，可以为恶意用户提供查找你服务中的漏洞信息。与此相关的实践是隐藏Web服务器的信息，例如，许多Web服务器上的默认错误响应包括服务器类型、版本以及恶意用户可以用来查找漏洞的其他信息。

- 不要在Cookie中存储敏感数据。Cookies存储在客户端上，因此不受你的控制。

出于安全考虑，服务应该被评审。针对需求、设计、开发，有不同的安全评审流程。[56]当服务准备就绪时，通过一些特殊的安全测试来测试安全性。

11.2 管理访问服务的凭据
Managing Credentials for Access to Services

在第5章"基础设施的安全性"中，我们讨论了如何借助身份验证和授权来确保数据和资源的机密性。你需要对访问你的服务的客户端进行身份验证，并

---

[56] https://www.owasp.org/index.php/Code_Review_Introduction。

且可能需要将你的服务作为其他服务的客户端进行身份验证。现在，我们将考虑可以用于执行这类身份验证的方法。

一种方法是交换非对称密码的公钥，如我们在第5章"基础设施的安全性"中所讨论的。非对称密码比对称密码要慢，因此你将使用非对称通道交换共享的会话密钥，然后在会话持续时间内切换到对称算法。

一种更简单的方法是使服务持有共享机密（例如密码）。可以由服务端和你的客户端共享，也可以由服务端和它访问的其他服务共享。请注意，在这两种情况下，你的服务都可能与组织外部的服务共享机密。

你不应将这些凭据作为字符串插入源代码或已嵌入版本控制系统的配置文件中，尤其当用公共代码库工作时。恶意攻击者会不断地扫描公共代码库以查找泄露的凭据。研究人员发现，提交有漏洞的凭据在30分钟内就被检测到并被使用。[57]一些云供应商监控GitHub之类的公共存储库，并在提交似乎包含凭据时通知用户[58]，而一些组织在其开发工作流程中将这种扫描作为预提交的钩子[59]。

存储凭据字符串的常见解决方案是将凭据存储库添加到你的软件基础设施中。在第7.4节"管理机密"中讨论的保险箱（vault）可以充当凭据存储库。凭据存储在保险箱中，服务通过保险箱的身份验证后可以检索这些凭据。云供应商有更复杂的凭据管理，可以根据服务的身份、角色、环境（例如，开发、测试或生产环境）或某些其他模式授权访问。

使用凭据存储库时，应该使用单个密钥来配置服务以访问凭据存储库，而不是需要所有可能的密钥和凭据才能授权使用。通过凭据来安全地配置你的服

---

[57] https://www.blackhat.com/docs/asia-18/asia-18-bourke-grzelak-breach-detection-at-scale-with-aws-honey-tokens-wp.pdf。

[58] https://azure.microsoft.com/en-us/blog/managing-azure-secrets-on-github-repositories/。

[59] 正如我们在第 7.1 节"版本控制"中讨论的那样，版本控制系统有机制在代码提交到仓库之前来强制检查代码的合规性。

务仍然存在挑战，并且没有100%自动化的安全解决方案。该过程需要一些人工步骤，包括通过凭据存储库的身份验证，然后生成单个服务或一组服务的访问密钥。用于向服务传递访问密钥的一种技术是将密钥嵌入服务的虚拟机或容器的镜像中。然后，在该虚拟机或容器上执行的服务将在已知位置获得访问凭据。该解决方案的问题在于，镜像存储在云基础架构中的某个位置，然后虚拟机监视器或容器管理器获取该镜像并启动虚拟机或容器。恶意攻击者可能会访问该存储库，可以对其进行扫描并识别密钥（请注意，镜像是一组可以视为数据的二进制）。因此，当使用此技术时，你应该需要两个值来进行身份验证。第二个值来自受信实体提供的独立路径，该路径在服务开始执行时传递。这两个值就像使用用户名和密码。你将要访问的服务必须这两个值来进行身份验证。图11.1展示了需要两个凭据来对服务进行身份验证。请注意，凭据2所采用的到达应用程序的路径与凭据1所采用的路径不同，因此恶意窃听者将攻击这两条路径以窃取访问服务所需的凭据。

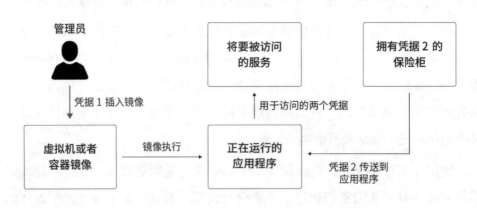

图11.1 需要两个凭据来对服务进行身份验证

OAuth（Open Authorization，开放授权）是为客户端提供向服务获得授权的另一种方法。它是针对用户（或服务）具有访问资源（通常是API）的凭据的情况而设计的。用户（或服务）希望委派授权，以允许你的服务代表他访问资源。一种简单但非常不安全的方法是让用户将资源的凭据直接传递给你的服务，然后你的服务仅有限地使用这些凭据。我们知道永远不应该与其他人或服务共享你的凭据，所以这种方法不可靠。

OAuth协议是一种标准[60]，它使用访问令牌代替身份验证凭据，这些令牌会被四个角色创建、交换和使用。资源所有者是具有访问受保护资源的凭据的人员（或服务）。资源服务器托管受保护的资源，并且可以接受和使用令牌来授予对该资源的访问权限。在上述情况下，你的服务将充当OAuth客户端，该客户端在资源所有者的授权下访问受保护的资源。最后，在对资源所有者进行身份验证并获得授权之后，授权服务器向OAuth客户端颁发访问令牌。这些角色之间的流程如图11.2所示。

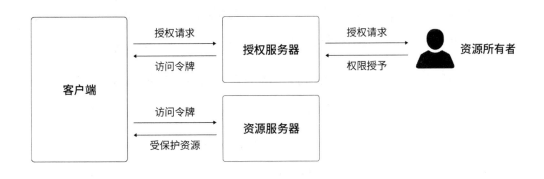

图11.2　OAuth角色和数据流

在图11.1的流程中，镜像的每个实例都将包含管理员插入的凭据。但是，服务的用户在外部向图11.1所示的密钥库进行注册。在图11.2的OAuth流程中，

---

[60] IETF RFC 7591。

OAuth要求客户端、资源所有者和资源服务器与中央授权服务器进行协调。每个API均被视为独立的受保护资源。OAuth的注册协议很复杂，但从根本上讲，API（受保护的资源）向OAuth授权服务器注册。资源所有者向OAuth注册，并接收另存为cookie的标识令牌，用于指定该用户的特权。客户端从OAuth服务器请求令牌，允许它访问受保护的API。客户端将此令牌和用户令牌传递给API，并被授予访问权限。请注意，已在OAuth授权服务器上注册了三个不同的实体——正在被访问的受保护的API、执行访问的客户端以及资源所有者。该协议非常通用，下面是实现访问API的一种顺序。

（1）资源所有者向OAuth授权服务器进行身份验证。这将返回一个单点登录cookie，这个cookie会被保存下来，以便资源所有者不必每次访问受保护的API都要登录。

（2）客户端获取初始访问令牌，该令牌可用于注册客户端的特定实例。客户端向OAuth授权服务器证明身份，指定此实例拥有的所有访问权限。

（3）将客户端用户的凭据和客户端的凭据发送给受保护的API，受保护的API使用OAuth服务器对其进行验证。

由于OAuth服务器控制并监控对API的访问，因此可以嵌入API管理系统中。API管理系统监控API的使用情况，除访问控制外，还将收集API使用情况的指标用来进行分析。

11.3 管理个人凭据
Managing Credentials for Individuals

安全方面的最佳实践是给予个人完成工作所需的最小权限。可以让某些人拥有广泛的管理员特权，但不需要让所有员工都拥有接入系统和基础设施的权限。下面将讨论个人的访问权限管理。

程序员、测试员、DevOps员工、SRE工程师和其他开发团队的成员都必须通过许多基础设施和应用程序服务的身份验证才能完成工作。其中一些身份验证凭据可用于访问关键数据（比如，包含专有算法的代码库），同时其他身份验证凭据可以用来访问资源（例如授权启动云主机并记到公司的云账号上）。访问权限也可能因角色而异：个人的工作职责可能要求作为开发人员访问一个服务，作为测试人员访问另外一个服务。

通过将个人映射到服务来管理访问权限很快就会变得非常麻烦和笨重。因此，大部分公司使用**基于角色的访问控制**（role-based access control，RBAC）。在RBAC系统里，对服务的访问由角色决定，并且分给个人一个到多个角色。通常，角色定义和映射到个人的存储库就是一台实现轻量级目录访问协议（Lightweight Directory Access Protocol，LDAP）标准的服务器[61]。个人向LDAP服务器进行身份验证并接收凭据，以便能够访问为其分配的角色定义的服务。比如，测试人员只能有测试角色的权限，这个权限只能提供给他需要做测试的服务的访问权限。

RBAC简化了将新人加入公司（入职）和将个人从公司内移除（离职）的流程。当员工加入公司或者他在公司的角色发生变化时，LDAP提供一种可以调整其职责的中央机制。当员工离开公司时，他会从LDAP服务器中被移除掉，并且他会失去其公司内部的所有权限。

RBAC不能解决凭据滞留的问题。也就是说，当员工离开公司时，他仍然可

---

[61] 关于 LDAP 标准的路线图，请参见 IETF RFC 4510。

以保留RBAC系统授予访问公司服务的凭据，他还可以拥有公司RBAC系统之外管理授权服务的凭据。这就需要密钥轮换，即生成新的访问密钥并将其分发给授权用户，而旧的访问密钥将失效。密钥轮换是需要手动处理分发和同步新密钥使用的示例。这可能涉及将系统设计成支持密钥轮换期间的密钥重叠，也就是同时支持多个访问密钥。

密钥轮换是可以周期性地变化的，而不是由个人离职触发。回顾第5章"基础设施的安全性"时发现，加密和解密算法的强度是由破解它的时间和所需资源决定的。如果加密钥匙的使用时间很长，那么攻击者可能会有足够的时间破解密码，从而访问到被保护的数据和资源。基于这个原因，访问密钥，以及某些情况下的加密密钥，需要周期性地轮换。对需要长时间保存的数据进行密钥轮换，需要不停地使用新密钥重新加密，这可能代价非常高。有些公司会权衡是在旧数据和备份数据上使用物理安全还是密钥轮换。

11.4 软件供应链和软件保障
Software Supply Chain and Software Assurance

从操作系统到中间件和API框架，服务运行所需要的软件有很多是外部公司开发的，可能是开源的或者是商业成品（commercial off-the-shelf，COTS）软件。公司应该关注所有组装成完整系统组件的源头。这通常被称为软件供应链，是从制造业流程里引用来的名词。

除了软件包的功能适用性外，有关软件供应链的安全问题还包括维护机密性、完整性和可用性。例如，通过后门访问，绕过身份验证的软件包将无法维护机密性。有功能缺陷的程序包可能会影响系统的完整性，而没有被积极维护的程序包可能会影响系统的可用性。当购买COTS软件时，尽管开箱许可可能不允许谈判或定制，但你可以通过与供应商签订的合同协议来解决这些问题。当选择使用开源软件时，所有责任都由决定使用软件包的公司承担。

请注意，软件供应链包含在系统执行期间使用的软件包，以及用于开发、构建、测试和部署的软件包与工具。这些包括版本控制系统、编译器、测试框架、部署编排工具等。

要实现高质量的软件供应链，首先要选择包含在系统中的高质量软件包，并且这个过程要持续下去，然后在系统的整个生命周期中维护这些软件包。评估开源软件项目交付的软件包的一些标准如下。

- 项目成熟度和开发活跃度。该项目在其他系统生产环境中的使用，证明了一个合理的成熟度水平。来自开发者社区广大贡献者源源不断地承诺表明，开发人员对该项目很感兴趣，并且不太可能被放弃。最后，即使稳定的且功能完善的软件包，仍然会有一些工作来维护开发语言和依赖升级的兼容性，并修复安全漏洞。

- 专职的维护者（们）。开源项目维护者是个人或者小团队，他们负责设置项目的方向和优先级，并且决定接受或者拒绝对于项目代码库的贡献。如果没有专职维护者的监督，开源贡献可能会引入安全漏洞和恶意代码。比如，2018年，一个流行的node.js软件包的维护者失去了维护的兴趣，使得恶意代码被合并。[62]

- 用于项目的代码库。项目应该被托管在有缺陷跟踪系统的现代代码库中。特别是对于非常成熟的项目，可能已经使用了过时的开发基础设施，将项目迁移到现代开发基础设施结构表明社区的投入度和开放性。项目应当具备自

---

[62] https://gist.github.com/dominictarr/9fd9c1024c94592bc7268d36b8d83b3a。

动化构建和测试的功能，并且用户可以评估测试覆盖率和产品质量。

- 下载确认哈希。开源软件包被复制到镜像站点，以提高下载率。攻击者可能会在其中一个镜像上修改软件包，使得用户下载的软件包是受感染的版本。原始开发人员在镜像的不同位置发布该程序包的哈希码，以便下载该软件包的用户可以将下载的软件包的哈希值与发布的哈希值进行比较，帮助用户验证是否正在下载原始软件包的实际副本。有许多工具可以执行此验证。

- 血统。核心开发团队的血统代表了项目的质量以及可能的项目寿命。有商业赞助的项目可能拥有更多的资源，所以能够更快地反应和修复缺陷，以及保持与软件包生态系统其他部分的兼容性。

除这些通用质量指标之外，公司还特别关注COTS和开源包的安全性。这些问题用软件缺陷或软件漏洞来描语。

11.5 缺陷和漏洞
Weaknesses and Vulnerabilities

软件缺陷是可以导致软件漏洞的。软件漏洞使攻击者可以访问系统或网络。缺陷和漏洞都在公开目录中列出。CWE（common weakness enumeration）[63]是常见缺陷目录，CVE（common vulnerability enumeration）[64]是常见漏洞库。

漏洞是某个软件包中的某个缺陷（或缺陷的集合），攻击者可以用来获取系统的访问权限。例如，漏洞CVE–2018–9963指出：

此漏洞允许远程攻击者披露有关易受攻击的Foxit Reader 9.0.1.1049安

---

[63] https://cwe.mitre.org。
[64] https://cve.mitre.org。

装的敏感信息。攻击此漏洞需要用户交互，因为目标必须访问恶意页面或打开恶意文件。JPEG 2000图像解析中存在特定缺陷。该问题是由于对用户提供的数据缺乏正确的验证而导致的，这可能导致读取超出已分配对象末尾的内容。攻击者可以利用此漏洞以及其他漏洞在当前进程的上下文中执行代码。

请注意，该漏洞适用于特定的程序包和版本。在这个案例中，缺陷是由于对用户提供的数据缺乏正确的验证。该漏洞可以使攻击者在系统上执行代码。

CVE列表提供了漏洞的通用标识符，但几乎没有技术细节。其他目录，例如国家漏洞数据库（NVD）[65]，使用CVE标识符编制索引，并包括影响质量（机密性、完整性、可用性）的影响力评分，以及有关修复、补救措施和变通办法的信息。

安全词汇中的一个重要术语是攻击。攻击是指对手利用漏洞来实现技术影响。攻击有多个生命周期阶段：侦察、武器化、交付、利用、控制、执行和维护。与漏洞一样，攻击是具体的，并且针对特定的系统（或使用特定软件包的系统）。攻击模式的目录包括通用攻击模式枚举和分类（Common Attack Pattern Enumeration and Classification，CAPEC）[66]。还有很多由网络安全供应商和顾问维护的针对特定网络攻击的目录。术语“零日漏洞利用”是指一种在漏洞广为人知的同一天，利用该漏洞进行的攻击。

回到最初选择COTS和开源软件包的过程，你要确保该软件包不包含任何漏洞，或者如果包含任何漏洞，那么要确保在初始配置中包含所有的补丁程序或补救措施。你可以搜索诸如CVE之类的目录，也可以使用开源或商业工具扫描服务中的漏洞（例如，如果使用GitHub进行版本控制，那么它会使用CVE自动扫描代码库并私下提醒你发现的问题）。请注意，许多开源扫描工具都是双重使

---

[65] https://nvd.nist.gov。
[66] https://capec.mitre.org。

用：开发人员使用工具来构建安全系统，而对手则使用相同的工具来攻击那些系统。由于漏洞枚举连接到软件包和版本，因此无需访问源代码就可以标识COTS中的漏洞。漏洞检测是客观且确定的：如果服务使用了已报告漏洞的软件包版本，并且没有以某种方式修复该漏洞（例如，通过配置软件包），则服务可能会受到攻击。对待漏洞扫描不应像我们接下来讨论的静态分析工具那样：这里没有误报的情况，我们不应该在这里进行过滤。

另一方面，缺陷是潜在的问题。有许多商业和开源缺陷扫描工具，其中许多报告使用CWE标识符。这些工具包括对源代码进行操作的静态分析工具（仅用于开源软件包和你自己的服务代码），以及对二进制可执行文件进行操作的工具（适用于任何软件）。使用这些扫描工具时面临的挑战是误报：扫描的输出可能会识别成百上千个可能的缺陷，而分析每个警告是不切实际的。你需要对扫描结果进行过滤或其他后期处理，有时这种过滤可能会导致正确的警报被忽略。

最后，在设计和开发系统之后，作为安全测试的一部分，你可以对它进行攻击。攻击测试分为两大类。第一类，有时称为合作评估或桌面演练，由外部专家与开发团队合作进行。这是白盒测试的一种形式，测试人员可以全面了解系统的设计和实现。这些演练是由场景驱动的：基于已知的漏洞和弱点，专家定义攻击场景，开发人员解释系统将如何响应攻击。通过讨论，确定了系统设计和实现中的问题，并开发了修复和缓解的方法。

第二类攻击测试称为对抗性评估或渗透测试（pen test）。测试团队使用与恶意攻击者相同的工具和方法来攻击你的系统。攻击会经历上面提到的攻击生命周期阶段，尽管有时测试团队会收到有关目标系统的非公开信息，以加快侦察速度。这种类型的测试有多种变体。在一种变体中，目标系统的开发和运营团队知道测试正在执行，并准备防御模拟攻击。在此变体中，可以借鉴军事演习中的术语，将攻击者标记为"红队"，而将防御者标记为"蓝队"。这种类型的事件通常将测试目标与培训目标结合在一起。在另一种变体中，不会向防御者通知模拟攻击，并且会同时测试软件和用于防御与恢复的运维流程。测试的持续时间可能会有所不同：攻击者可能只能在有限的时间内进行侦察、武器化和交付。这限制了可用的攻击模式，即在有限的时间内只能使用"现成的"攻击模式和技术。

我们在第8章中讨论的部署流水线是供应链的一个特殊方面。调查发现[67]，超过25%的网络犯罪是由内部人员实施的，即公司内部的人员。例如，内部人员可以修改你的持续集成服务器，以便将恶意软件插入所有的服务中，从而破坏所有的应用程序。防止此类攻击的一种技术是应用访问控制，将部署流水线的修改权限限制为有限的人员，并在流水线的步骤发生改变时通知开发团队的所有成员。

11.6 安全漏洞的发现和打补丁修复
Vulnerability Discovery and Patching

将安全漏洞加入CVE里并且打补丁修复的流程有以下几步。

（1）安全漏洞要么被开发的组织发现，要么被外部的人员发现。

（2）将安全漏洞信息汇报给CERT协同中心（CERT/CC）。在安全漏洞信息被正式公布之前，会启动一个公布窗口（目前为45天）。供应商或开源维护者会被私下通知该漏洞信息，因此公布窗口给了他们时间去准备补丁，并且鼓励他们在安全漏洞信息被公布之前修复。

（3）安全漏洞被公开并列在CVE里。这涉及联系CVE维护者（现为MITER Corporation）并接收标识符。之后，此标识符被用来引用该安全漏洞，也被放进国家漏洞数据库（NVD）里。

---

[67] 请参见 https://resources.sei.cmu.edu/library/asset-view.cfm?assetID=499782 和 https://www.verizonenterprise.com/resources/reports/rp_DBIR_2018_Report_execsummary_en_xg.pdf。

（4）供应商或者开源项目发布一个补丁，引用CVE ID。该补丁由供应商发布，并在NVD中放置一个指向该补丁的链接。

（5）通过监控供应商的邮件列表、NVD或者自动补丁管理服务，你会获得补丁的相关信息。

（6）你应用了补丁。

你的挑战更多来自执行第（5）步。有许多安全漏洞正在被披露，每个安全漏洞都伴随着相关的补丁或者其他补救措施。你使用的第三方包来自很多个供应商。每个供应商有多个产品，每个产品又有很多个补丁。如果你监控每个供应商的邮件列表，则每天会收到大量需要处理的信息。你应该使用自动化服务，根据正在使用的软件帮你过滤这些信息（由于你可能不清楚所有这些软件的依赖，甚至就算你清楚，可能也不够）。如果采用这种方案，那么应该确认所有环境里的软件都包含在这个过滤列表中。

当你被通知你的软件有一个可以打的补丁时，你必须确定是否要去打补丁。这取决于需要打补丁问题的严重程度，以及所有使用这个软件的服务器打上补丁对公司的影响。举一个例子，有一个用在生产环境系统上的Ubuntu kernel版本的补丁。你可能有成百上千台运行Ubuntu的服务器。打一个补丁相当于给所有的应用程序进行一次新版本的发布。每个应用程序都需要进行测试、发布新版本和将老版本从服务中移除。

一种选择是不打补丁，而是依赖应用程序的下一个正常版本来获得最新的补丁。反对延迟补丁部署的一个有力论据是，超过90%的成功攻击都是针对未修补的漏洞进行的。[68]一些组织每天或定期重建所有的应用程序，这样所有的应用程序都可以合并补丁而不需要开发人员的特殊操作。

补丁管理对于大多数公司来说是一个严重的问题。最佳实践是，公司有统

---

[68] https://www.whoa.com/data-breach-101-top-5-reasons-it-happens/。

一关于漏洞和补丁的策略，并告诉你应该采取什么行动。

11.7 总结
Summary

你必须确认要保护哪些数据和资源，比如凭据、PII、公司财产信息。政府法规规定了特定需要保护的数据，比如GDPR、HIPAA。其他流程是私下开发的，并且通过PCI等合同来强制执行。将敏感数据放在日志文件里是一种非常不好的做法，因为日志文件是明文储存和传输的，很容易被很多人看到。

向服务提供凭据有两种方法：可以在调用服务时将凭据提供给服务，或者服务本身可以验证客户端是否具有适当的授权权限。提供具有适当凭据服务的技术包括维护凭据存储库或者安全的配置管理系统。授权是针对API执行的，OAuth要求最终用户、客户端和服务API都必须向中央服务器注册。

开发者必须获取并且保护好凭据以访问所需的服务。基于角色的访问控制是一种技术，用于减少与向个人提供执行其工作所需的凭据相关的开销。

软件供应链包含所有外部开发的软件，这些软件用来开发、测试、部署和操作你的应用程序和基础设施软件，包括你在服务中构建的软件包。供应链必须经过安全审查，需要扫描使用的软件包，并且扫描的结果可以与缺陷或者漏洞存储库进行比较。供应链中的一个特别关注点是部署流水线的完整性。内部攻击可能会破坏流水线，并将恶意软件引入你的所有服务中。

CVE提供了一个漏洞列表，我们将漏洞添加到CVE的过程包括：在一段时间内不通知漏洞，以允许供应商做出反应，然后公开，以鼓励供应商及时做出反应。

11.8 练习

1. 安装并使用OAuth去保护你在第6章"微服务"练习里用过的某个微服务的API。

11.9 讨论

1. 找出最近几个Jenkins的安全漏洞，有多少个已经打好了补丁？

2. 查找最近一次信用卡违规事件的详细信息，详细信息可以从证券交易委员会（Security and Exchange Commission）发布报告中找到。被攻破的公司是否符合PCI？

3. 为公司或大学生成一个角色列表，每个角色应用有什么样的权限？

4. 当某个安全漏洞被发现并公布后，应该在多长时间内打好补丁？

第12章 写在最后
Closing Thoughts

本章将讨论本书章节内容之外的话题，它们包括：

- 部署和运维的重要性；

- 衡量DevOps的有效性；

- 网站可靠性工程；

- 移动以及IoT设备；

- 颠覆性技术。

12.1 部署和运维的重要性
Importance of Deployment and Operations

关于软件工程的定义很有趣。以下是维基百科引用的定义。[69]

---

[69] https://en.wikipedia.org/wiki/Software_engineering。

- "将科学技术知识、方法和经验系统性地应用于软件的设计、实现、测试和编写文档"——美国劳工统计局IEEE系统和软件工程词汇表。

- "应用系统化、规范化、可量化的方法来开发、运维和维护软件"——IEEE标准软件工程术语表。

- "一门涉及软件生产各个方面的工程学科"——伊恩·萨默维尔（Ian Sommerville）。

- "建立并使用健全的工程原理，以便经济地获得可以在真实机器上可靠并高效工作的软件"——弗里茨·鲍尔（Fritz Bauer）。

这些定义中只有IEEE标准软件工程术语表提到了运维。而所有定义中没有一个提到把软件放入生产环境的行为。让我们来看看Google的客户可靠性工程总监卢克·斯通（Luke Stone）[70]总结的导致宕机的10个最常见的运维和开发问题。

（1）过载。请求数大于设计的请求数。

（2）嘈杂的邻居。你的服务部署到环境中，该环境中的其他服务会影响服务的性能。

（3）重试峰值。响应速度慢会产生重试，这可能导致服务的请求数量激增。

（4）依赖性差。你依赖的服务运行速度缓慢，这会导致你的服务很慢。

（5）缩放边界。过载不能只通过创建更多的机器来解决，负载必须被分片。

（6）分片不均匀。将工作负载划分为碎片并不能解决特定的性能问题，必须使用其他技术。

（7）宠物。将你的服务当成家畜来看待而不是宠物。也就是说，确保其他人也能解决服务的问题，而不只有开发者。

---

[70] https://www.youtube.com/watch?v=Ru0vep3hzcY。

（8）部署不当。部署问题被确定为跨组织最常见的问题。

（9）监控间隙。由于所需数据没有被准确地监控和收集，所以会导致部署的问题没有被发现。

（10）故障域。用于故障转移的虚拟机、区域没有提前规划好，而是在故障发生以后才来确定。

要么软件工程师不负责处理这些中断原因，要么软件工程的定义需要更改。我们认为，这些定义是不充分的，在理解如何使系统运行良好方面有误导性。

12.2 衡量DevOps的有效性
Measuring DevOps Effectiveness

正如我们在第一部分"平台视角"介绍的那样，DevOps（Development+Operations）是一系列的过程，旨在缩短提交代码和将代码投入生产之间的时间。与其他流程改进工作一样，DevOps流程改进工作也包含三个方面，即技术、文化和组织。本书只关注DevOps的技术方面，这里主要包含一些工具，例如部署流水线、初始化工具、配置管理工具和监控工具。[71]

关于DevOps的文化和组织方面的问题不在本书的讨论范围之内，但是对于成功实施DevOps而言，这两个方面也非常重要。举一个例子，假设部署流水线

---

[71] DevOps 的流程和工具的定义在逐步扩大，最早的 DevOps 在很多人的理念中是从持续集成开始，到部署完毕。现在对于 DevOps 的普遍认知是，从需求开始到发布以后的应用运维，即涵盖项目管理、代码管理、代码质量（扫描）、持续集成、制品库、持续部署、运维监控等软件开发的全部流程。
传统运维既包含应用运维（应用发布、更新、应用性能监控等），又包含资源运维（购买服务器、分配服务器、管理服务器等）。在云计算和 DevOps 的推动下，应用运维和资源运维逐步被分开。DevOps 中的"Ops"指的就是应用运维。让开发者自己有能力去做应用运维是 DevOps 工具的目标之一。这样就可以将开发和运维的工作解耦，真正实现让"Dev"自己"Ops"，效率更高。而资源运维逐步由云供应商提供的云平台管理工具来完成。在这样的背景下，传统的运维岗位就需要进行调整，人员数量会变少，工作内容也更聚焦于流程和工具的建设。——译者注

有完全自动化的测试。这对传统的QA（质量保证）来说意味着什么？必须有所改变。这是一种文化的变革，至少对那些涉及QA的人而言。在极端情况下，这个QA小组可能就不需要了。这也是一种组织形态的变革。

很多DevOps流程都类似于这样的效果，将责任从一个团队挪到另一个团队或者自动化流程。DevOps实践旨在加快新功能上线的速度或者减少故障时间和次数。我们在本书中看到了一些DevOps实践。例如在第9章"发布以后"中讨论了亚马逊引入的"谁开发，谁运维"的理念，该理念旨在减少故障的处理时间。使用微服务框架可以让每个服务使用它自己的技术，以减少部署过程的错误。微服务框架与部署流水线一起可以让每个团队独立部署，而无需与其他团队协调，从而缩短部署时间。

除了流程生成的指标外，每个流程的改进工作还需要相应的衡量指标。这些指标可以让团队评估这些流程的执行效果。这些指标必须随着时间的推移进行定义和测量，以便可以量化和追踪改进。追踪这些指标需耗费一些工作量，所以最好是可以自动化这个过程。

定义这些指标也就定义了企业认为什么是重要的，以及提供了收集信息的目标。Stackify[72]建议追踪以下指标。

- 部署频率。给定时间范围内的部署次数是用来衡量企业可以多快地将新功能上线的一个指标。

- 部署时间。服务通过部署流水线到进入生产整个过程所需要的时间。

- 交付周期。从决定开发新功能到上线的时间。

- 工单量。客户投诉的数量。

---

[72] https://stackify.com/15-metrics-for-devops-success/#post-14669-_ompolxil25td。

- 自动化测试通过率。服务在部署流水线中移动时通过的自动化测试的百分比。

- 缺陷逃逸率。服务上线以后检测到缺陷的比例。

- 部署失败次数。导致宕机或者影响客户部署的次数。

- 平均故障检测时间（MTTD）。服务上线以后到发现问题的平均时间。

- 平均故障恢复时间（MTTR）。发现服务问题到修复问题的平均时间。

这些指标是有优先级的，优先考虑缺陷防御、缺陷发现、修复及发布效率。应用选择你使用的指标来反应公司的业务目标。请注意，所有这些指标都可以被自动收集，但是监视并找出问题原因需要耗费一些时间。追踪这些指标可以体现出DevOps流程管理的效率。

任何流程改进的过程既取决于管理层的推动，又取决于具体执行人员的支持。对于DevOps来说，这个流程可能会影响开发者、运维人员、安全人员、质量保障人员。很多与DevOps相关的文献都专注于获得这些相关人员的支持，但这些支持必须伴随能体现可衡量结果的技术改进。

12.3 站点可靠性工程
Site Reliability Engineering

亚马逊"谁开发，谁运维"理念的第一个目标就是缩短从故障发生到故障修复的时间。第二个目标是给开发者提供反馈信息，所以他们既可以了解问题，又可以了解修复问题所需的调试信息。实现这些目标的机制就是让开发者随身携带一个呼叫器，这样他们就可以成为故障的第一响应人。虽然没有明确说明，这么做的一个后果就是服务的所有开发者都会收到故障的警告。

与此同时，Google采取了不同的方式来达成这个目标。Google引入了站点可靠性工程师（Site Reliability Engineers，SREs）的概念。SRE与亚马逊理念有两个不同之处。第一，SRE的责任范围是整个应用程序而不是单一的服务。第二，SRE是一个特殊的团队，其成员有一定的开发任务，但是并不要求他们像其他不承担SRE职责的开发人员那样做很多开发。SRE这份工作对于身心都是一种挑战，所以Google的SRE是以两年为一个周期，一个周期结束后他们可以继续担任SRE或者回到常规的开发岗位。

这些方法之间的区别主要包含以下几点。

• 职责范畴。在亚马逊的方式中，响应者负责生成警报的服务。而在Google的方式中，响应者负责具有生成警报的服务的应用程序。产生警报的服务可能不是事件中的故障服务。举一个例子，假设服务A依赖服务B，并且服务A配置了一个延时警报，导致服务A延时超过其阈值的原因可能是服务B的响应速度慢。响应者必须能够识别到问题出在服务B上，并且能够通过修改服务B来修复问题。

• 对开发者的要求。在亚马逊的方式中，所有开发者都一视同仁，都要求可以诊断问题并且进行快速修复。而在Google的方式中，首先需要找到那些擅长诊断问题和快速修复问题的开发者，然后将他们分配到一个独立的部门，即SRE团队。

• 向开发团队提供反馈意见。关于故障的响应分为两个阶段。第一阶段，必须找到解决问题的方法，这样系统才能恢复运行。第二阶段，找到故障的根本原因并解决它。在亚马逊的方式中，故障的响应者就是开发者，所以这个团队内部就把这两个阶段消化掉了。在Google的方式中，SRE需要使用一些间接的方式来影响开发者去解决根本问题。

SRE有一项工作是创建各种工具。因为SRE是故障的第一响应人，他们可以发现哪些地方可以用工具来帮忙。因为给予SRE的压力比较大，所以Google规定SRE的随时响应（on-call）时间不高于50%。剩下的50%时间可以用来开发SRE

工具，或者在开发团队做一些开发工作。

正如我们本节开头所提到的那样，亚马逊和Google的目标是一样的——当事故发生的时候快速修复。公司选择哪种方式取决于如何权衡我们讨论的这些利弊。

12.4 移动和IoT设备
Mobile and IoT Devices

本书中的大多数示例对于创建部署到云平台的应用程序的开发人员来说都很熟悉。虽然这是比较常见的场景，但是我们也注意到，有很多开发者和企业开发并部署应用程序到其他平台，例如移动终端、信息物理融合系统（例如智能汽车、无人机）以及物联网（IoT）设备。本书内容对这些场景也是适用的，只需要进行少量调整。

首先，虚拟化已经在许多平台开始使用。如果你的平台现在还没有使用虚拟化或者容器，那么将来很快会开始使用的。

其次，这些系统大部分都是联网的，离线的系统或者设备越来越少了。通常，移动设备或IoT设备是客户端，它们的服务端一般运行在云上。所以，即使你的应用并没有运行在云上，也在使用基于云的服务，并且需要理解这些服务是如何工作的，也就是你依赖的这些服务如何被交付以及它们在什么情况下会出现故障。

最后，即使一些企业不会把应用部署在云上，它们也会使用基于云的开发、测试环境，甚至是集成环境。为了提高整个企业的响应效率和敏捷度，持续部署（如我们在第8章"部署流水线"中提到的）也逐渐成为缩短开发周期、提高项目质量和进度的透明度默认的方式。

举一个例子，如果你正在为移动设备或者IoT设备开发软件，你的开发环境可能跟第8章"部署流水线"中描述的云端微服务的开发环境一样。在这个节点上，你只是执行一些单元测试，不应该依赖你的目标平台。

你的集成环境可能运行在云上，它会为你的目标设备构建一个镜像。这个镜像会被部署到可能运行在虚拟机上的模拟器中。这个模拟器提供了目标设备的所有运行环境，包括处理器、内存、存储和一些外围设备（我们在第1章"虚拟化"中简单讨论过模拟器）。模拟器包括一种向软件提供输入和监视执行的机制，它允许你在测试环境中使用测试工具，并允许你编写脚本和执行测试。根据应用和目标环境的不同，你可以在集成环境使用多个模拟器，例如，在不同型号的手机上进行测试。

根据第8章"部署流水线"提到的方法，准生产环境是这里开始有所不同的地方。在部署流水线为准生产环境构建好镜像以后，这个镜像会被部署到真实的目标硬件上。这个目标硬件可能是公司某个实验室维护的一组设备，或者是已经上市的移动设备，你可以使用云端的移动设备测试平台。这些测试平台通过网络提供所需的移动设备，并且带有测试工具。你可以像对待其他云资源一样对待这些移动设备：先分配一个设备，将镜像部署到该设备，然后使用测试工具运行测试。测试结束以后，销毁这个环境，并释放所占用的设备。

软件工程实践正在不断地融合，维护独特的工具链和特殊流程的企业越来越少。本书所讨论的技术使这种融合成为可能。

12.5 颠覆性技术
Disruptive Technologies

让软件工程持续引人注目的一大特性就是，每10年左右，某项颠覆性技术就会出现，软件工程师必须学习这项技术并且在他们的应用程序和系统中使用。20世纪70年代，这项新技术是网络；20世纪80年代，这项新技术是直接的交互界面；20世纪90年代，这想新技术是WWW，也就是网页；到2000年左右，这项新技术是智能手机；而到21世纪10年代，就是当前的云计算；到21世纪20年代，可能是量子计算。每一项颠覆性技术都伴随着巨大的计算和存储成本的下降，这也使得设计系统的边界有所突破，有更多的可能并且经济高效。

任何新技术都是由创新者首先创造并体验，然后被一些先行者尝试，最后融入主流。这个过程往往需要经过数年的时间。即使是颠覆性技术，也必须与那些还未被取代的早期技术兼容。新技术的采纳过程必须先找到正确的使用场景和探索新技术的机制，然后与那些还没有被取代的技术整合。浏览一下不同版本的安全协议以及今天的TLS协议，或者不同版本的HTML，就会发现它们已经比原始版本有了巨大的进化。这种进化一部分来自对老版本问题的修正，一部分是为了启用新的技术。例如HTML，最早用于在矩形屏幕设备上渲染用户界面，而图片、视频、音频都还在研究阶段。随着智能手机的普及以及网络速度的提升，HTML有了巨大的变化。最新的HTML5是在最初的HTML发布20年以后才发布的。

与没有被颠覆性技术替代的技术进行整合的过程会引发我们从不同的角度重新审视现有的技术。我们将通过部署和运维来看这里是如何运作的。

对于软件工程师来说，最能体现部署和运维重要性的技术是云。以前，公司为它们的数据中心采购计算机。这个采购和初始化的过程需要耗费几个月，并且需要了解如何配置和初始化这些计算机的专家来操作。这一般是运维团队的工作。软件工程师将应用程序的计算和存储要求提交给运维团队，运维团队或者从现有的计算资源中分一部分出来，或者下一个新订单。随着云计算的发展及其自我调配的能力，软件工程师可以自己完成资源分配和计算设施的初始化。获得所需计算能力的时间周期从几个月缩短到几分钟。

快速初始化的能力使得软件工程师要对初始化和部署负责。如今，软件工程师的数量大约是运维数量的10倍。让软件工程师来负责初始化和部署会带来两个结果：①市场变得足够大，可以让更多的工具厂商进入。②软件工程师对于目前的初始化和部署流程不满，所以他们可以编写自己的工具来支持这个流程。

　　云计算的发展带来的另外一个结果就是，网络变得更加快速稳定。这是一个现有技术适配新的颠覆性技术的例子。因为有了更好的网络，所以通过网络来完成初始化就变得很容易。这个功能其实是早于云计算出现的，但是现在配置管理工具在初始化大型数据中心和计算集群的时候就变得必不可少。

　　一旦部署过程变成几分钟或者几个小时而不是几周几个月的时候，发布周期就被缩短了。现有的工单流程就变得太耗费时间，难以满足快速解决问题的诉求。（工单流程：当事故发生的时候，首先创建一个工单，然后这个工单会被分配到对应的负责人）因为软件工程师创建了这个出现问题的服务，他们应该更加紧密地参与到恢复流程中。这就导致了对于监控工具需求的增加，并且出现了软件工程师佩戴呼叫器的现象。

　　从颠覆性技术被发明到产生广泛影响的过程往往需要很多年，这个过程事实上也是逐步发现这个颠覆性技术到底意味着什么的过程。假如量子计算是21世纪20年代的颠覆性技术，那么作为本书的结尾，我们请你仔细考虑这样一个问题：量子计算的出现将如何影响部署和运维？